KB173157

신소재 혁명

일본경제신문사 엮음
김 계 용 옮김

現代科學新書 31

《옮긴이 소개》

金 啓 用
김 계 용

1936년 平北 寧辺 生.
漢陽大 工大 및 대학원 化工科 卒
日本国 東京工業大学校(高分子工学科) 工学博士.
東京大学 生産技術研究所 客員教授.
現：漢陽大 工大 工業化学科 教授.
専攻：高分子物理, 機能性高分子材料.
著書：『有機化学 및 合成問題集』(1978년)
論文：『Permeability and Thromboresistance of Tri-Block Copolypeptide』 外 40여편
주소：서울특별시 江南区 清潭洞 三益아파트 3동 1202호

차 례

II. 고기능에 도전하는 첨단화학기술

III. 극한을 탐구하는 전자재료

프롤로그

—우주에서, 지상에서

우주실험실에의 기대

1981년 4월 12일 오전 7시(한국시간 오후 9시), 플로리다주 케네디 우주센터 39A 발사대에서 거대한 우주선이 발사되었다. 우주여행으로의 꿈을 실현시킬 유인 우주왕복선 1호기 '콜럼비아호'이다. 이틀 후인 4월 14일 오전 10시 20분 52초(한국시간 15일 오전 3시 20분 52초), '콜럼비아호'는 캘리포니아주 에드워즈 공군기지에 착륙하였다. 숨을 죽이며 텔리비전을 지켜보고 있던 전세계의 모든 사람들은 그 순간 아낌없는 박수와 갈채를 보냈다.

레이건 정부가 출범한 1981년에 미국 국민들은 두 번이나 흥분의 도가니 속에 빠져 들었다. 이란에서 귀국한 인질들의 퍼레이드와 콜럼비아호의 성공. 그간 국제적인 지위의 저하로 의기 소침했던 미국 국민으로서는 오랜만에 '위대한 미국'을 실감할 수 있었던 극적인 순간이었을 것이다.

개발비 99억달러를 투입한 위대한 드라머는 이와 같이 미국국민들의 축제로 끝나게 되었다. 빠르면 5~10년 후에는 우주관광을 즐길 수 있는 시대가 올 수 있을 것이라고 기대는 하지만 아직은 현실적이라고 말할 수는 없다. 그러나 이것에 보다 현실적인 기대를 품고 이 장면을 지켜본 사람들이 있다. '유인 우주실

우주왕복선 콜럼비아호는 우주공장의 꿈을 부풀게 하였다.

험실' 즉, 우주로의 대량 수송을 배경으로 한 우주공장의 건설을 강력히 지지하는 과학자들과 기술자들이다. 그 중에는 지상에서는 얻을 수 없는 특별한 환경을 이용하여 새로운 소재(素材)를 개발하려는 소재 연구자들이 포함되어 있다.

'콜럼비아호'의 성공으로 유인 우주왕복선은 카운트다운 단계로 돌입하였다. NASA(미국 항공우주국)와의 계약으로 ESA(유럽 우주기관)가 개발중인 유인 우주선 1호기는 1983년 6월에, 유인 우주왕복선10호기로 우주에 발사될 예정이었으나 계획이 다소 지연되었으며, 1986년까지는 16회의 왕복비행에 우주실험실이 적재될 예정이다. 일본도 1986년 경에는 우주실험실을 빌어 본격적인 우주실험을 실시할 예정으로, 우주개발 사업단 등에서 실험 테마를 선정하고 있다고 한다.

"우주실험실은 소재 연구의 혁명적인 발전을 가져올지 모른다"—이런 기대, 그것은 무중력 상태, 고진공 등 지상에서는 바랄 수 없는 우주공간 특유의 상태로부터 '무엇인가'를 새로이 만들어 낼 수 있지 않을까 하는 기대이다. 예를 들면 액체를 우주공간에다 놓으면 흐르지 않는 완전한 구체(球體)가 되려고 한다. 지상에서는 아무리 고도의 금속 가공기술을 구사하더라도 제조할 수 없는 완전한 둥근 금속구를 만들 수 있다. 서독의 폴크스바겐사는 이 성질을 이용하여 완전한 구체상태의 볼베어링을 만들 계획이다.

비중이 다른 물질을 혼합하려 하여도, 지상에서는 중력이 작용하므로, 비중이 큰 것이 무거워서 밑으로 가라앉아 좀처럼 균일하게는 되지 못한다. 그러나 이것도 우주에서는 힘들이지 않고 균일하게 만들 수 있다. 보통의 화합물은 물론, 지상의 용광로로는 균일하게 혼합하기 힘든 구리와 바나듐의 합금 등도 만들 수 있다. 이 구리와 바나듐의 합금은 리니어모터카 등의 초전도재(超電導材: 전기저항이 0인 전선)에 사용된다.

혼합은 금속끼리에만 한정되지 않는다. 알루미나(산화 알루미늄)의 입자라든가, 유리섬유 같은 무기재료와 금속으로도 양질의 복합재료를 만들 수 있다. 내열성, 강자성(強磁性), 고강도, 초전도, 초소성(超塑性) 등 현대의 소재에서 요구되는 각종 특성을 가진 재료를 만들 수 있으므로 초고순도의 재료를 만들 수 있고, 유리도 얼룩이 없는 해상도(解像度)가 큰 렌즈가 된다.

우주개발 사업단 등이 우주실험실의 예비 실험으로 1980년 9월에 TT 500 A형 로키트 8호기로 실시한 무인 우주재료 실험에서도 성과를 올리고 있다. 균일하기 때문에 종전의 2배의 경도를 가진 니켈·티탄·카바이트 복합합금이 만들어졌고, 태양전지용의 실리콘·비소·텔루륨계의 아모르퍼스(비결정질) 반도체를 만드는 데도 성공하였다. 우주실험실에서는 연구원들이 있어 실험을 진행할 수 있을 것이므로 큰 성과를 올릴 수 있을 것이다.

ESA의 우주실험계획에서의 연구 테마에는 재료과학에 관한 것만도 36건이나 된다. 신기능 합금, 복합재료, 전자재료, 유기화합물 결정 등 첨단분야의 실험들이 포함되어 있다. 바꾸어 말하면 새로운 소재에 대한 끝없는 소망이 우주실험실에 담겨져 있는 느낌이다.

새로운 기능을 찾아서

새로운 소재에 대한 그칠줄 모르는 소망—이것은 현실적인 욕구를 잘 말해 주고 있다. 일본의 미쯔비시(三菱) 종합연구소는 최근, 미국 바텔(Battelle)기념연구소와 공동으로 멀티 클라이언트 방식의 수탁연구를 표방하고 있는데 주요 내용은 다음과 같다.

기능성 재료와 그 응용에 대한 금속계, 플라스틱계, 무기질계에서의 소재의 혁신이라든가, 정밀 전자기술과 이에 관련되는 유망한 시장에 대한 전망 등이다. 기능성 재료에는 한 구좌당 일화 150만 엔으로 54개 회사가, 정밀 전자기술에 대해서는 한 구좌당 일화 250만 엔으로 55개 사가 가입되어 있다. 이와 같이 기술 마케팅 조사를 원하는 이례적인 고객수를 확보하고 있다.

기능성 재료의 연구 대상 테마 중에서 중요한 것을 간추려 보면,

금속계—초경(超硬) 합금, 형상기억합금, 섬유강화금속복합재료, 초전도 재료, 비자성 재료, 초미세 금속분말, 초내열 합금, 고내식성(高耐蝕性) 합금, 수소저장용 금속, 다공질 금속, 방음 방진 금속.

플라스틱계—엔지니어링 플라스틱(고강도 구조재료:폴리아미드, 폴리카보네이트, 폴리페닐렌옥시드 등), 생물공학용 고분자재료, 전자용 고분자재료, 기능성 막(膜)재료.

무기질계—고온 내열 요업재료, 초경도 세라믹스, 초고순도 광섬유, 고탄성(高彈性) 섬유 센서(sensor)용 재료, 전자재료, 내열 투광(透光) 재료(알루미나), 무기 접착재료, 고온 윤활재료, 원자로용 재료.

정밀 전자기술에서도 LSI(대규모 집적회로), 고체센서, 기능성 고분자, 자기 버블(磁氣 bubble), 디스플레이(display) 소자, 반도체 레이저, 광섬유, 광통신 소자, 태양전지를 주요 기술분야로 선정하고 새 기술과 새로운 소재의 향방을 점치고 있다.

미쯔비시 종합연구소에서는 제 3 탄으로 현상 타파를 위한 테크놀로지-90(최첨단기술과 신기한 재료)라는 제목의 미·일 공동연구를 추진하고 있다.

"앞으로의 산업사회를 떠받쳐 나갈 대표적인 기술은 ① 신기한 재료(exotic material), ② 에너지(energy), ③ 일렉트로닉스(electronics)의 3E와 생명과학(life science)이다. 특히 이 가운데서 '신기한 재료'는 기술혁신의 방아쇠로서 기대되는 바 크다"고 이 연구소

의 부소장은 말하고 있다.

'신기한 재료'에 대하여 기술혁신의 방아쇠로서의 역할을 기대한다는 것은, 다시 말하면 새로운 소재가 방아쇠가 될 기술혁신이 기대된다는 것이다. 이 기술혁신은 종전의 것과는 그 양상을 달리하는 것이다. 단순하게 고속 증식로, 초고속 컴퓨터, 단거리 이착륙기(STOL기) 등 최첨단 기술의 달성으로 인류의 미래를 개척한다는 등의 겉치레만의 일은 아니다.

석유를 비롯한 에너지 가격의 폭등, 자원의 무기화가 심화되는데 따르는 원자재의 구입난을 어떻게 하여 돌파할 수 있을 것인가? 세계의 산업계는 에너지 절약, 자원 절약, 새로운 에너지의 개발과 이용, 제품의 복합 첨단화, 고부가 가치화 등 끝없는 기술적 욕구를 안고 있다. 이와 같은 과제의 해결에 불가피한 것이 고성능, 신기능을 가진 새로운 소재의 개발이다.

금속과 화학 등의 기존 소재산업은 물론, 최첨단을 가는 전자산업에서도 소재에 대한 관심이 높아지고 있으며, 이에 호응하여 새로운 소재가 속속 등장하기 시작하고 있다. 새로운 소재의 개발경쟁은 기업이 경쟁에서 살아남을 수 있느냐를 결정하는 결정적인 요인이 될지도 모른다는 생각으로 우주 실험실에 대하여 큰 기대를 갖게 하였고, 또 싱크탱크(think tank : 종합연구소)라는 새로운 기업을 낳게 하였다고 말할 수 있을 것이다.

국제경쟁에서 이길 수 있는 기술개발을

새로운 소재의 개발경쟁은 당연히 국제적인 무대에서 펼쳐진다. 그 가운데서도 일본은 특수한 환경에 처해 있다. 석유가격의 앙등에 의해서 알루미늄 제련 공업이나 석유 화학공업 등은 국제적인 경쟁력을 상실했고, 구조불황(構造不況)으로까지 빠져 들었다. 한편 다른 공업, 즉 국제경쟁력이 강한 철강, 자동차, 가전(家電), 반도체 등은 무역마찰이라는 불안감을 늘 안고 있다. 이들이 지향할 바는 그 어느 것이나 다 독특한 기술에 의한 제품의 고부가가치화에 있다.

원가경쟁에서 다른 나라에 지거나 이기거나 간에, 그 다음에 필요한 것이 새로운 기술이라는 것은 틀림없다. 조립산업에서 국제적 우위를 유지하려면 보다 뛰어난 소재의 조달이 기본이라고 할 수 있다. 여기서 금속산업이라면 초합금, 고장력(高張力) 강판 등 합금의 가공기술일 것이고, 화학산업이라면 엔지니어링 플라스탁, 뉴세라믹스일 것이며, 전자산업에서는 반도체, 광(光)관련 소재, 센서 등의 새로운 소재가 떠오른다.

이와 같은 관점에서 볼 때, 일본 기업의 최대 라이벌은 미국 기업이다. 상징적인 에피소드 한 가지를 소개하겠다.

뉴욕의 5번가, 유명한 센트패트릭교회 근처에 있는 일본의 후지쯔(富士通) 뉴욕 사무소에는 '일본 컴퓨터의 IBM 정찰부대'라는 별명을 가진 정보수집자가 상주하고 있다. 그들의 주요 임무는 IBM의 신제품 전략을 재빠르게 수집하여 도오꾜(東京)의 본부에 보고하는 일인데, 1981년 초에 가장 신경을 쓰고 있었던 것은 "IBM이 갈륨(Ga)·비소(As)의 연구에 300~800명의 제일선 연구자를 투입하였다"는 미확인 정보의 진위 여부였다.

갈륨·비소라는 것은 화합물 반도체의 대표적인 것

인데, 광다이오드(LED) 등에 사용된다. 질이 좋은 것은 실리콘 반도체를 훨씬 능가하는 성능을 가졌고, 초고속 컴퓨터 소자로 주목을 끌고 있다. 후지쯔를 비롯한 일본의 컴퓨터 메이커에서는 이 신소재의 연구에 심혈을 기울이고 있으며, 이 단결정(單結晶)의 제조에 대해서는 미쯔비시금속, 스미도모(住友) 전기공업, 스미도모 금속광산 등, 전자재료에 의욕적인 비철금속 메이커들이 연구개발을 서두르고 있다. IBM은 오히려 이보다 앞을 가는 첨단기술인 조셉슨(Josephson) 소자에 힘을 기울이고 있을 것이며, 갈륨·비소의 연구에는 100명 미만의 연구자만이 종사하고 있을 것이라고 추정되었다.

"만일 IBM이 800명의 연구자를 동원하였다면, 가까운 장래에 갈륨·비소 반도체 컴퓨터를 상품화할 수 있을 것이다. 세계의 컴퓨터 업계의 세력판도로 보아 IBM이 이것을 채용한다면 세계의 주류를 이루게 될 것이다"—후지쯔의 사원이 아니더라도 컴퓨터산업을 조금이라도 알고 있다면 이와 같은 생각에 쉽게 다다를 것이다.

그래서 곧바로 IBM에 취재를 신청했다. 뉴욕주 요크타운의 IBM 와트슨 연구소의 반도체 과학기술 부장의 대답은 미묘하였다. "실리콘 반도체가 진보했기 때문에 갈륨·비소에 대해서는 흥미를 잃고 있었는데 최근에 다시 이것에 열중하고 있다. IBM의 연구자수는 금속 특히 박막(薄膜)금속학 관계가 증가하고 있다."

갈륨·비소뿐만 아니라 실리콘 반도체의 일부에 사용하는 알루미늄을 텅스텐으로 대체한다든가, 자기 버블 메모리(Magnetic bubble memory)용의 GGG(가돌리늄·

갈륨·가네트 : Gadolinium·Gallium·Garnet) 나 조셉슨 소자의 초전도 소재 등, IBM은 새 소재의 연구에 상당수의 연구자를 투입하고 있다. 금속, 화학, 전자 등 각 분야를 동원한 미·일의 신소재 개발 경쟁은 앞으로 점점 더 격심해지리라고 생각된다.

"앞으로의 신소재 개발에는 모든 수단을 동원할 필요가 있다. 우주실험실의 재료실험만 하더라도 결코 '요술지팡이'는 아니다. 어느 정도의 성과가 나올지는 보증할 수 없지만, 비용을 들여서라도 해볼 만한 가치가 충분히 있다"라고 말하는 전문가도 있다. 전자산업에서의 기술개발 경쟁은 바로 이와 같은 측면을 가리키고 있다.

생명과학, 새로운 에너지, 우주·해양개발 등도 이와 비슷한 상황 아래 있다. 신소재의 격렬한 개발경쟁은 시대의 요구에 부응하는 것만이 아니다. 하나의 새로운 소재가 어떤 기술을 가능하게 만들면, 그 기술은 모든 관련 산업분야에 파급되고 다시 새로운 소재로의 요구가 뒤따르게 된다. 소재 연구자나 사용자는 모든 수단을 동원하여 새로운 소재 개발을 계속 추구해 나가게 된다. 그리하여 신소재 혁명의 지평은 무한히 확대되어 간다. 21세기에는 우주공장에서 제조한 신기소재(新奇素材)도 그 일익을 담당하게 될 것이다.

좋건 싫건 간에 요구되는 기술혁신, 여기서 승리자로 살아남지 못한다면, 산업구조의 고도화도 지식집약형 산업사회의 일원으로서의 발전도 모조리 탁상공론에 지나지 않게 되어 버리는 처절한 기술경쟁—이것이 바로 신소재 혁명의 본질이다. 바로 이 혁명이 이제 막 시작된 것이다.

I

확대되는 금속 프론티어

파이프 전국시대

-보다 강한 유정파이프를 찾아서

텍사스주 휴스턴, 여기에는 뉴욕 등에서는 이미 찾아 볼 수 없는 미국의 옛날 이미지가 그래도 아직은 남아 있다. '풍요로움' '활력' '밝은 미래' 들이 바로 그것이다. 바꾸어 말하자면, 오늘날 미국의 대도시에서는 볼 수 없는 이례적인 번영을 누리고 있는 도시라고 할 수 있다. 그 이유는 물론 석유 때문이다.

1973년, 제1차 석유파동으로 일어나기 시작한 석유와 가스 개발붐은 1978~1979년의 제2차 파동으로 더욱 가속화되었다. 중심가를 거닐면서 "이 발 밑도 파기만 하면 금방 석유가 나온다"라고 말하는 시민의 표정은 텍사스의 태양처럼 밝다. 그 중에서 유정파이프의 소재(素材)에 대한 격렬한 경쟁이 시작되고 있다.

석유정보지 『World Oil』에 의하면 미국의 연간 유정 굴착수는, 1956년에는 58,418 개가 최고였는데, 1970년대 초에는 30,000 개 정도까지 떨어졌었다. 그런데 1974년부터는 계속 증가하기 시작하여 1980 년에는 64,847개(전 해에 비하여 28.8% 증가)로, 24 년만에 최고기록을 경신하였다. 1981년에는 다시 14.2% 가 증가한 74,046 개로, 그 중에서 24,132 개가 텍사스주에 집중되어 있다.

유정굴착이나 석유를 퍼올리는 데 필요한 것이 유정파이프(OCTG)이다. 어느 석유 메이저그룹의 구매부

미국 텍사스주 휴스턴 근처의 해상에 숲을 이루고 있는 유정의 망루

장은 "우리 회사는 1980년에 150,000톤의 OCTG를 구입하였으며, 매년 7~8% 정도가 증가하고 있다. 그러나 이 신장률은 우리 회사가 최근에 얕은 유정을 구입하였기 때문에 약간 떨어지고 있다. 그러나 미국의 다른 석유회사의 일반적인 OCTG의 사용 증가율은 해마다 10% 정도가 될 것이다"라고 말하고 있다.

이 때문에 최근까지도 휴스턴시 서쪽의 저장장에 산더미처럼 쌓여 있던 것이 거의 다 팔렸다고 한다. 대규모의 파이프 수입·가공회사인 그랜드 사의 사장은 "어쨌든 잘 팔린다. 석유 대체에너지가 실현되는 1990년대까지는 현재와 같은 경기가 계속될 것 같다. 특히 일본에서 수입하고 있는 고급 파이프는 증가일로에 있다"라고 말하고 있다. 고급 유정파이프의 높은 수요에 대한 그의 지적이야말로 유정파이프의 전국시대를

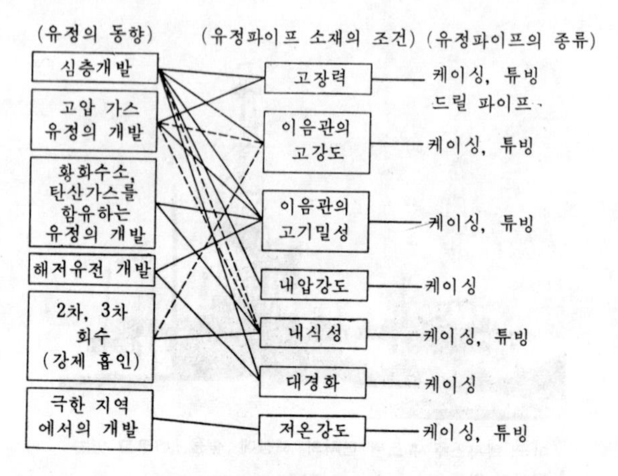

유정의 동향과 유정파이프 소재의 조건

시사하는 것이다.

유정파이프는 용도에 따라 세가지로 나눈다. ①선단에서 회전하는 굴착공구(비트)를 부착하여 파들어가는 '드릴 파이프'(drill pipe), ② 이것으로 뚫은 구멍이 허물어지지 않도록 구멍에 묻어 두는 철관(casing), ③ 케이싱 속에 넣어서 실제로 기름을 퍼올리는 '튜빙'(tubing). 케이싱이 가장 굵고, 지표에 가까운 부분은 이중 삼중으로 묻는다. 이 중에서 튜빙이 제일 가늘다.

이 파이프의 소재로서 이전에는 미국석유협회(API)가 정한 API규격의 망간강이나 소량의 크롬과 몰리브덴을 함유하는 저합금강이 사용되어 왔다. 그런데 미시시피지역 등에서 이른바 '디프 사워 웰'(deep sour well: 깊고, 황화수소 등의 함량이 많은 유정)의 개발에 직면하자 종전의 파이프를 사용하는 데에 문제점이 생기게 되었다.

해저유전이나 극한(極寒) 지역의 개발에서도 새로운 파이프 소재가 필요하게 되었다. 유정의 깊이는 일정하지 않지만 해마다 깊어지고 있다. 가장 깊은 것은 9,600 미터(미국 오클라호마 주)이다. 유정이 깊어지면 파이프 자체의 무게로 인해 상하로 인장(引張)되기 때문에 고장력강(高張力鋼)이 필요할 뿐 아니라, 주위에서 받는 지층의 압력에도 견딜 수 있어야 한다. 황화수소나 탄산가스를 함유하고 있는 유정에서는 내식성 재료가 필요하다. 극한지역에서 파이프가 연약해지는 것도 문제가 되고 있다. 이와 같은 단점들을 해결하기 위해서는 합금이나 열처리 이외에도, 이음관의 개량이나 파이프 단면의 진원화(眞円化) 등, 여러 가지를 해결하기 위한 연구가 진행 중에 있다. 특히 수천 미터의 유정에서는 이음관의 수가 많아지기 때문에 나사의 정밀성이 중요하며, 파이프의 단면이 진원(眞円)이 아니면 주위의 압력으로 부서진다.

석유 가격이 폭등할 뿐만 아니라, 점점 유정이 깊어지더라도 석유탐사의 성공률이나 생산성이 높아진다면, 유정파이프의 값은 문제가 되지 않을 것이다. "황화수소(H_2S), 탄산가스(CO_2), 염화수소(HCl) 등에 견딜 수 있는 고급 파이프"를 어떻게 하면 만들 수 있는가 하는 것이 현재의 관심사이다. 저합금강에서는 내식성을 추구하여 스테인레스의 심레스파이프(seamless pipe)로 모든 관심이 집중되고 있다.

전 세계의 심레스 유정파이프의 연간 소요량은 720만 톤(1980 년)에 달하고 있다. 이 소요량 중에서 200만 톤은 일본에서 생산하고 있다. 1985 년까지 일본에서 합계 100만 톤, 기타 국가에서 100만 톤의 증산 계획을 세우고 있다. 일부에서는 생산과잉을 걱정하는 소리도 높지만 일본의 철강업계에서는 품질에 자신을 가지고 있다.

심레스 유정파이프에서 세계 최고의 생산량을 자부하는 일본의 스미도모(住友) 금속공업의 전무는 "미국의 큰 철강 생산업자 중에서는 스테인레스로 심레스를 만들 수 있는 기술이 없다"라고 말하면서 스미도모 금속공업 등을 비롯한 일본의 철강메이커의 우위성을 강조한다. 동사는 API규격 외의 저합금강이나 스테인레스 유정파이프를 'SM시리즈'라는 상품명으로 판매하고 있다. 연간 90만 톤의 유정파이프 생산 중 약 25%가 이 시리즈이다.

스테인레스계 중에서 최근에 주목되고 있는 것은 13%의 크롬을 함유하는 담금질 템퍼링(tempering) 형으로, 이것은 미시시피나 루이지애나의 신규유전이나 북해(北海)유전에서 문제가 되고 있는 탄산가스에 의한 부식에 상당히 강하다. 이것은 1980년에 일본의 스미도모 금속공업과 니혼강관(日本鋼管)이 막 개발한 것인데, 이미 스미도모 금속공업에는 장기 공급계약을 하자는 요청이 있었고, 니혼강관에 대해서도 미국의 소갈사(Sogal Co.)로부터 이야기가 오가고 있다. 이와 같이 개발 직후에 바로 철강의 신소재에 대한 상담이 생긴다는 것은 극히 드문 일로서 그만큼 새로운 소재가 기대되고 있음을 보여 주는 것이다.

심레스 스테인레스 파이프를 제조할 수 있다는 자신감만으로 안일하게 있을 수는 없을 것이다. 미국의 대규모 철강회사와 일본의 철강회사와의 기술 격차를 보면, 신니혼(新日本)제철과 미국의 암코사와의 기술제휴에서도 알 수 있듯이 일본측이 기술적으로 단연 우위에 있지만, 다른 금속소재에 대해서는 경쟁이 아주 격화되는 상태에 있다.

경쟁이 되고 있는 품목은 미국의 캐보트사의 '하스텔로이'(Hastelloy)와 캐나다의 인코사의 '인코넬'(Inconell) 등인데, 이것은 코발트 또는 니켈·크롬계의 합금이다. 이른바 초경합금이다. 쉘오일은 미시시피유전에서 '하스텔로이'를 사용하고 있다. 이런종류의 합금은 본래 항공기의 엔진 등 특수한 분야에서 소량으로 사용하는 것으로 값은 비싸지만 강도와 내식성이 아주 우수하다.

"초경합금은 너무 값이 비싸다"고 하여 스웨덴의 샌드빅사는 2층형 스테인레스를 추천하고 있다. 이것은 성질이 다른 두 종류의 스테인레스를 조합한 것인데 크롬 22%, 니켈 5~7%, 몰리브덴 3%를 함유하고 있다. 캐보트사에서는 "그러면 하스텔로이를 좀 더 싸게 만들 수는 없을까?" 하고 코발트의 함량을 줄이는 연구를 하고 있다.

이후에 등장할 것으로 예상되는 것은 대표적인 항공기용 티탄합금인 6·4합금(알루미늄 6%, 바나듐 4%, 티탄 90%)이나, 다량의 몰리브덴을 함유하는 티탄합금 등이다. 이상에서 본 바와 같이 유정파이프의 소재경쟁은 바로 전국시대에 처해 있다고 말할 수 있다.

일본의 니혼강관 철강기술부의 한 과장은 다음과 같이 말하고 있다. "강도, 각종 내식성, 가공성 및 비용 등 모든 면에서 어느 것이 좋은가를 결정해야 한다. 그러나 현재는 어느 것이나 다 일장일단이 있으며, 유정의 환경도 일정하지 않으므로 어느 것이 절대적으로 좋다고는 말하기 힘들다." 그래서 스미도모 금속이나 니혼강관도 '하스텔로이'와 티탄합금을 연구하고 있다.

어느 것이 우수하다고 할 수 없다는 데에 주목한 미국의 바텔연구소에서는 1979년부터 주요 유정파이프 소재의 성능시험을 시작하였다. 석유자본이나 철강 메이커 등 세계의 유력기업 61개 회사가 스폰서가 되어 180만 달러의 연구비를 투입하여 연구를 하고 있다. 소재 전국시대의 한 단면이라고 할 수 있다.

철보다도 성능이 우수한 다른 합금원소 쪽이 많이 들어 있는 고급 유정파이프를 한 기업에서 단독적으로 만든다는 것은 여러 가지 면에서 볼 때 대단한 일이라고 하지 않을 수 없다. 용해, 압연, 열처리, 나사가공 및 검사 등 일관 공정기술을 갖고 있는 곳은 일본의 신니혼, 니혼강관, 스미도모금속, 가와사끼제철 이외에는 없을 것이다. 프랑스의 바로렉크, 서독의 만네스만 등을 들 수는 있지만 아직은 약하다.

일본의 철강제조업자의 강점이라고 할 수 있는 것은, 새로운 유정환경에서 신소재가 필요할 때, 특수 금속을 사용하지 않고, 같은 재질의 저합금강이나 스테인레스 등을 갖고도, 열처리 등의 공정기술을 사용함으로써 품질을 향상시킬 수 있는 능력을 가지고 있다는 점이다. "엔화(円貨)의 가치가 낮아지더라도 엔화로서의 수익이 감소되지 않을만큼 판매가격을 이미 인상해 놓았다" (스미도모금속)라고 하는 것으로 보아서 당분간은 강한 국제 경쟁력을 가질 것으로 보인다.

일본 철강메이커의 종합력이 강한 것은 물론이지만,

유정파이프에 대해서는 국제 석유자본을 비롯하여 사용자의 협력도 무시할 수는 없다. 항공기소재에서 미·일간의 기술차이를 볼 때 일본에는 항공기산업이 없기 때문에 비교조차 할 수 없다고 하겠지만, 유정파이프에 대해서는 국내시장은 없지만 미국의 부족량을 메꾼다는 형식으로 판매에 개입한 것이 계기가 되어서 새로운 소재개발을 촉진하게 되었다.

『World Oil』을 출판하는 걸프(Gulf)출판사의 프랑크 L. 에반스씨는 "사워 오일(sour oil)의 개발은 유정파이프에 이어서 석유 정제 플랜트의 소재혁명을 가져오게 될 것이다"라고 예언하고 있다. 예를 들면, 지금보다 더 우수한 내식성을 갖는 스테인레스제의 반응탑 등이 필요하게 될 것이라고 한다.

한 소재의 탄생이 새로운 소재 수요를 낳고, 또 다른 분야에서 새로운 소재 개발이 이루어지는 등 연쇄적으로 확산되는 개발이 신소재 개발혁명의 본질이라고 할 수 있다.

알루미늄과 티탄의 공중전

―항공기재에서의 격돌

"알루미늄은 철과는 달라서 쉽게 녹이 슬지 않는다"라고 알코아(ALCOA: Aluminum Company of America)의 중견간부는 말한다. 이 회사의 본사는 펜실베이니아주 피츠버그에 있다. 미국 철강업의 지반이 저하됨에 따라 이 도시도 '녹슬은 철의 도시'따위로 불리는 처지가 되었다. 그러나 "알루미늄에 있어서는 사정이 다르다"라고 말한다.

알루미늄산업의 거인 알코아와 함께 피츠버그를 본거지로 하는 티탄산업의 최대기업인, 타이메트와 알코아 간에는 항공기산업의 신소재 개발을 둘러싼 '공중전'이 막 시작되었다. 이것은 "알루미늄은 비행기 동체나 날개의 일반적인 부분에, 티탄은 열이나 힘을 받는 부분에"라는 종래의 인식을 뒤엎을 가능성이 아주 크다.

알루미늄과 티탄은 둘다 가볍다는 것이 매력이다. 신소재개발의 최첨단 분야는 항공기재료이다. 빠른 비행기를 설계하려면 기체를 가볍게 하여야 한다. 기체가 가벼우면 가벼워진 몫만큼 많은 여객과 화물을 실을 수 있다. 연료도 적게 든다. 물론 안정성의 보장이 선행되어야 하며, 기계적인 강도도 요구된다. 가벼우면서도 강한 소재의 개발이 목표이다.

"당신은 아주 좋은 때에 찾아 왔다. 지금이 티탄합금의 개발경쟁이 한창 고조되고 있는 때야." 피츠버그 공항에서 얼마 멀지 않은 타이메트 본사에서 이 회사의 부사장은 자신만만하게 말을 꺼낸다. 29년의 역사를 가진 이 회사의 부사장인 그는 티탄 업계에서는 유명한 존재다. 그가 말하는 최근의 신소재 개발은 일반 항공기용 티탄합금 '6·4합금'(알루미늄 6%, 바나듐 4%, 티탄 90%)을 보완하는 특성을 갖는 티탄합금군(群)이다.

예를 들면, 바나듐 10%, 철 2%, 알루미늄 3%를

제트 엔진용 티탄합금의 강도를 고온아래서 시험한 다(미국 타이메트사의 기초 연구소에서).

함유하는 '10·2·3'은 강하고 단조(鍛造)하기도 쉽다. 바나듐 15%와 크롬, 알루미늄, 주석을 각각 3%를 함유하는 '15-3'은 상온에서 압연(壓延)할 수 있으므로 티탄의 용도를 더 확대할 수 있을 것이다. 알루미늄 6%, 주석 2%, 아연 4%, 몰리브덴 2%인 '6·2·4·2'는 고온에 강하다.

"여기까지는 개발이 끝났고 문제는 다음부터다"라고 그는 호흡을 가다듬고 설명을 하였는데, 일본의 티탄관계 연구자에게는 꿈같은 이야기였다. "15~36 %의 알루미늄을 함유하는 티탄합금은 내열온도가 800℃ 이상이다". 즉, 초경합금과 같은 내열성을 가지고 있다.

티탄 그 자체의 내열온도는 250℃정도인데, 합금이라는 것은 기묘한 것이어서 티탄보다 내열성이 낮은 알루미늄을 가하면 내열온도가 상승한다. '6·4합금'

은 450~500℃이고 '6·2·4·2'는 550℃ 이상이다. 그런데 알루미늄의 양을 증가시키면 반대로 약해진다. 이 합금의 성분비율을 정하기는 상당히 힘들다. 이 회사는 1985~1990년에 이것을 실용화할 예정이다.

그는 또 "항공기의 재료로는 플라스틱이나 유리섬유 등을 티탄과 함께 복합시켜 알루미늄의 대체재료로 사용하려는 경향이 커질 것이다"라는 말을 덧붙였는데 이것은 곧 알루미늄산업에 대한 도전을 말하고 있다.

알코아의 기술자들은 항공기 재료에 대해서는 말이 많지 않다. 티탄처럼 용도가 항공기 분야에만 한정되어 있지 않고, 회사가 크기 때문에 여유가 있다는 데도 원인이 있을 것이라고 생각된다. 현재 듀랄루민(duralumin) 계통의 'polished·skin·sheet'에서는 독자적인 기술로 미국시장을 석권하고 있다. 듀랄루민보다 강도가 큰 알루미늄·마그네슘·아연계의 '7000 시리즈'에서도 훨씬 앞선 기술을 가지고 있다.

'polished·skin·sheet'라는 것은 여객기의 동체나 날개에 사용하는 알루미늄판의 일종이다. 표면이 균일하고 매끈할 뿐만 아니라 독특한 광택을 가지고 있다. 그러므로 미국의 큰 항공회사에서는 이것을 대부분 채용하고 있다. 잘 더러워지지 않고 표면을 도장하지 않아도 된다는 장점 때문에 아메리칸 항공회사에서는 도장을 하지 않고 사용하고 있는데 다른 항공회사에서도 도장을 하지 않는 경향이 늘고 있다. 도장을 하지 않고 사용하여 얻어지는 이점을 열거하면, ① 최초의 도장비가 필요없고, ② 다시 도장할 필요성이 없으며, ③ 도장할 페인트의 무게만큼 가벼워진다는 점이다.

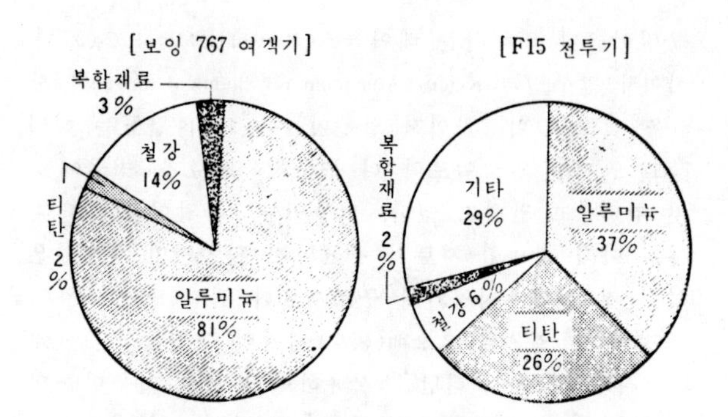

항공기의 소재구성(복합재료에는 유리섬유를 포함한다)

이 'polished · skin · sheet'를 양산할 수 있는 회사는 미국의 알코아 뿐이라고 한다. 재료는 알루미늄에 구리, 마그네슘 등을 첨가한 듀랄루민 계통의 합금이다. 특별한 기술이 필요한 것 같지는 않지만, 표면처리를 하는 데 특별한 기술이 있는 모양이다. 그런데 알코아는 이것을 최고의 비밀로 하고 있을 뿐 아니라, 자본관계가 있는 일본의 후루가와(古河) 알루미늄공업에까지도 알려 주지 않고 있다.

그래서 일본의 알루미늄 압연업계도 이 'polished · skin · sheet'를 필사적으로 연구하고 있다. 그런데 알코아가 현재 연구중인 것은 이것을 개량하는 방법이다. '7000시리즈' 판(板)에서도 강도를 종전보다 10% 이상 향상시킨 것을 보잉과 공동으로 개발하였다.

현재 가장 주목되고 있는 것은 같은 '7000시리즈' 중에서도 분말야금에 의한 합금이다. 이것은 알루미늄의 상식을 넘어선 특수강과 같은 강도를 가지고 있다.

분말야금에 대해서는 레이놀즈(Reynolds Metal Co.) 나 카이저 알루미늄(Kaiser Aluminum & Chemical Corp)도 자신을 갖고 있다. 카이저 알루미늄은"아직 발표는 하지 않고 있지만 알코아보다 더 우수한 재료가 만들어질 것 같다"고 말하고 있다. 알루미늄 분말야금에 대해서는 아직 상세한 자료가 공표되지 않았지만 장래성은 있는 것 같다. 항공기의 구조재료나 엔진 부품재료에 유망하다. 일본의 고오베(神戶)제강의 경합금 신동(伸銅) 사업부장은 "티탄을 사용하던 부분을 알루미늄으로 대치할 수 있을지도 모른다"고 말하고 있다.

알루미늄과 티탄의 치열한 공중전,— 이 가운데서 일본 기업의 존재는 아주 미미하다. 알루미늄 항공기 재료에서는 1941년, 하와이의 진주만에서 일본의 영식(零式) 전투기가 떨어질 때까지는 일본이 세계 제일이었다. 미국은 일본의 영식 전투기의 기체를 분석한 결과, 날개 등에 사용한 알루미늄합금의 품질에 대하여 혀를 찼다. 이로부터 40년, 일본은 완전히 뒤떨어졌다.

일본의 스미도모 경금속공업, 고오베 제강소, 후루가와 알루미늄공업 등의 세 회사가 공동으로 연구하고 있는 것도 알코아 등이 이미 제품화한 것들이다. 'polished·skin·sheet'는 후루가와 알루미늄이 "후꾸이(福井)의 새 공장이 완성되면 생산에 들어간다"고 말하고 있다. 한편 고오베 제강도 "연구단계에서는 생산에 성공하였다"고 말하고 있다.

티탄도 비슷하다. "겨우 6·4합금을 따라 갔다"고 한다. 일본에서는 항공기재의 수요가 없었으므로 화학 플랜트용 순수 티탄재료가 연구의 중심이었다. 일본의 알루미늄업계나 티탄업계도 "지금부터는 항공기재료" 라고 하는 의식이 강하다. 그러나 일본은 40년 전의 미국의 입장보다 훨씬 난처한 입장에 있는 것이 사실이다.

초합금 데드 히트

—탈 코발트화의 진전

뉴욕의 맨해턴에서 동북행 기차를 타고 한 시간이 채 못되는 거리에 코네티커트주 그리니치가 있다. 역 근처에 있는 아막스(Amax : American Metal Climax, Inc) 본사의 현관 로비에는 이 회사가 세계의 전체 생산량의 5할을 차지하는 몰리브덴정광 등과 함께 파이프라인용의 지름이 큰 강관이 전시되어 있다. "파이프까지는 만들지 않을 텐데"라고 말한 즉, PR담당자가 '기다렸다'는 투로 설명하기 시작하였다. "이 파이프에 사용하고 있는 몰리브덴이 함유된 철강은 우리 회사에서 개발한 것입니다. 확실히 우리 회사는 철강제품을 제조하고 있지는 않지만, 몰리브덴의 수요개척을 위하여 철강으로부터 초합금에 이르기까지 연구하고 있으며, 연구개발을 전담하는 자회사도 있읍니다"

슈퍼 알로이(super alloy), 직역하면 초합금이다. 정확한 정의는 없다. 일반적으로 니켈이나 코발트를 주성분으로 하는 내열합금으로서, 내식성과 강도를 겸비하

파이프라인용 강관을 고리 모양으로 잘라서 전시한 아막스 본사의 로비.

고 있는 것을 말한다. 항공기 엔진, 가스터빈, 석탄 가스화장치 등에서 주목되는 소재이다. 잘 알려진 것으로는 캐나다의 인코(Inco : The International Nickel Co of Canada Ltd)의 '인코넬'과 미국의 캐보트의 '하스텔로이'이다. 이 분야는 기술경쟁이 심한 분야이기도 하다.

좀더 자세한 것을 알아보기 위하여 앞서 말이 나왔던 계열회사인 클라이막스·몰리브덴을 방문하였다. 이 회사 부사장의 말에 의하면 1980년에 개발한 탈(脫)코발트의 제트엔진용 초합금에 대해서는 제너럴 일렉트릭사(General Electric Co)가 관심을 보이고 있다고 한다. 코발트의 가격 폭등으로 블래트 앤드 휘트니(Blatt and Whitney)사가 제트엔진에 사용하는 코발트 분말합금을 니켈합금으로 대체하는 등 '탈코발트 현상'이 일어나고 있다. 그러므로 초합금의 부재료인 몰리브덴을 판매하는 쪽에서도 그대로 방치할 수는 없는 일이다.

클라이막스·몰리브덴이 개발한 'XN622'는 몰리브덴 9%, 크롬 22%, 알루미늄 1%, 이트륨 0.22%를 함유하는 니켈계 내열합금이다. 제트엔진의 연소실에 적합한 '인코넬617'의 대체품이다. 몰리브덴, 크롬, 알루미늄의 비율은 어느 쪽이나 다 같지만 '617'에는 12.5%나 되는 코발트가 함유되어 있다.

'XN622'에서는 코발트가 갖는 내열성의 역할을 이트륨으로 보충하고 있는 것 같다. 산화이트륨이나 알루미나(산화알루미늄) 등, 세라믹스는 강도는 약하지만 내열성은 아주 좋다. 이 산화물을 분산시킨 합금(ODS 합금)은 1,000℃ 이상의 초고온에 견디며 초합금 개발의 촛점이 되고 있다.

물론 초합금에 강한 인코사도 ODS합금에는 열심이다. 예를들면 이미 니켈·크롬·산화이트륨의 'MA754' 철·크롬·알루미늄·산화이트륨의 'MA 956'라고 하는 합금을 개발하여, 미국의 헌팅턴 알로이사 (Huntington Alloy Co.)나 영국의 헨리 위긴사(Henry Wiggin Co.)에서 제조하고 있다. ODS는 코발트의 절약보다는 내열성의 향상을 노린 것인데 인코는 이외에도 NASA의 위탁연구도 맡아 하고 있다.

인코나 캐보트도 자기회사 제품의 개량품을 연달아 내어 놓고 있다. 이유는 제트엔진 메이커가 신형 엔진의 개발에 필사적이기 때문이다. 보잉 747이나 DC10 등의 항공기의 엔진은 같은 종류의 금속만으로는 되어

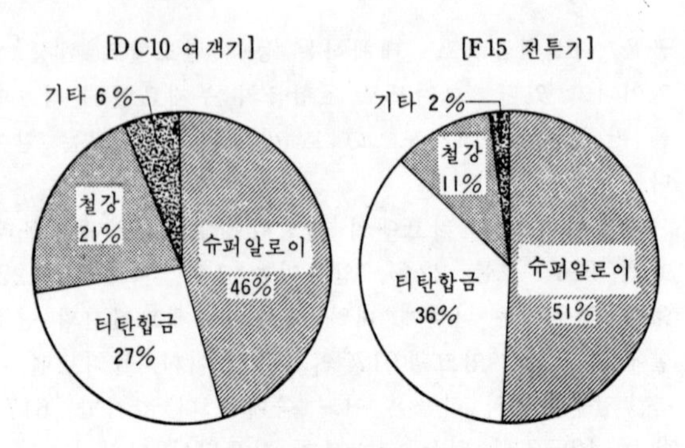

제트엔진 소재의 구성
(DC10은 GE제, F15는 블래트 앤드 휘트니제)

있지 않다. 엔진 제조업자가 그 기종에 맞는 엔진을 독자적으로 개발하고 있다. 그 중에서 어느 것을 선택할 것인가를 결정하는 것은 항공기를 구입하는 항공사가 임의로 정한다. 그러므로 엔진 메이커의 경쟁은 치열할 수밖에 없다. 이 엔진에 사용되는 소재의 5할이 초합금인데도 불구하고 엔진 제조업자는 '더 좋은 것'을 요구하고 있다.

이와 같은 구조요인 때문에 일본의 초합금개발은 불리한 상태에 있다. 일본의 톱 메이커인 미쯔비시 금속은 캐보트와의 기술제휴로 기존의 초합금 제조기술은 미국에 뒤지지 않을 정도까지 왔다. 그러나 제트엔진용 합금을 새로이 개발하는 데는 수요자와의 결합이 부족하다고 말한다. 좋은 것을 임의로 개발했다고 해도 수요자가 쉽게 채용하지 않을 때가 많다.

그런 가운데서도 기대되고 있는 것으로는 롤스로이스(Rolls Royce Co.)와 일본의 이시까와지마 하리마 중공업(石川島播磨重工業), 가와사끼(川崎) 중공업, 미쯔비시(三菱) 중공업에서 공동개발한 'RJ 500 엔진'이다. 이러한 경험으로 일본의 엔진 메이커가 육성된다면 초금속의 개발에도 희망이 있을 것이다.

같은 특수합금에 대해서도 국내의 수요가 활발한 분야에서는 문제가 심각하지 않다. 미국의 잡지 등에서 초합금이라고 소개하고 있는 일본의 다이도(大同) 특수강의 니켈 30%, 크롬 20%를 함유하고 있는 고합금 내열강은 자동차 엔진 소재에서는 최첨단에 와 있다. 미쯔비시금속에서도 철강의 연속 단조설비에 사용하는 내열 구리합금이나 자동차의 기어용 고강도 구리·아연 합금 등은 자기 회사에서 개발한 기술이다.

이와같이 생각할 때 초금속의 개발은 일본에서 발전될 가능성이 있다. 1978년부터 일본 공업기술원의 대형 프로젝트로서 연구, 개발 중인 고효율 가스터빈에는 1,500℃의 고온에 견딜 수 있는 소재가 필요하다. 이 때문에 니켈계 내열합금과 세라믹스의 연구가 진행되고 있다. 마찬가지로 석탄 가스화, 고온 가스로, 핵융합로 등 새로운 분야에서 사용하는 내열합금이라면 제트엔진에서 필요로 하는 소재처럼 역사적인 약점은 없다.

새로운 에너지 분야에까지 눈을 돌린다면 초금속의 국제적인 개발경쟁은 지금부터라고 말할 수 있다.

새로운 에너지 개발을 지원
-태양열, 원자력발전, LNG선

'ABC와 S'—미국의 알루미늄업계 관계자는 이런 말을 자주 한다. 알루미늄의 시장개척에서 중요한 분야의 머리글자이다. A는 Automobile(자동차 등 수송기기), B는 Building(주택을 포함하는 토목건축), C는 Can(음료수 깡통 외에 알루미늄박과 종이나, 플라스틱을 접착시킨 포장재료 등) 마지막 S는 Solar(태양열 이용) 이다.

캘리포니아주 오클랜드의 카이저·알루미늄·앤드·케미컬 본사에서 "태양열 이용에 관한 연구는?"하고 질문했더니 "1990년대의 유망분야이다. 하기는 일본이 앞서 있다"라고 좀 김새는 말을 한다. 물론 이 회사도 태양열 집열판용 알루미늄판의 표면처리 등에 대해서 연구하고 있다. 다만 같은 알루미늄으로 된 집열판에 대해서도 미국과 일본의 사고방식에는 차이가 있는 것 같다.

일본에서는 쇼와(昭和) 알루미늄이 전해착색(電解着色)에 의한 표면처리를 한 알루미늄제 집열판으로 연구를 이끌어가고 있다. 알루마이트의 표면에 다른 금속을 봉입하고 발색(發色)시키는 방법이다. 열을 흡수시키기 위해서 표면을 검게 할 뿐이라면 알루미늄제의 검은 범퍼(bumper)와 차이가 없지만, 집열판은 열을 흡수함과 동시에 복사(輻射)하지 않는 성질(선택흡수성)을 갖게 하는 것이 목적이다.

최근, 태양열 이용 장치 시장에 본격적으로 참가할 계획으로 있는 스미도모 알루미늄제련도 전해착색 방법을 채용하고 있다. 발색용으로는 니켈을 사용하여 태양열의 90～95%를 흡수하고 그 중에서 9～15%만을 복사하는 알루미늄제 집열판을 완성하였다.

그러나 미국은 도료를 소성하는 열도장 방법을 일반적으로 채용하고 있다. 페인트를 좋아하는 국민인만큼 도료에 대한 기술은 일본보다 훨씬 우위에 있지만 집열효율은 나쁘다. "우리는 집열효율이 나쁜 것을 크게 개의치 않는다. 값싸게 대량으로 생산하는 것에 더 관심이 크다"라고 생각하고 있다. 스미도모 알루미늄의 기술부장이 미국의 알루미늄 공업의 대메이커이며 가장 집열판에 열성적인 레이놀즈 메탈을 방문했을 때 "선택흡수보다는 장치 전체의 시스팀의 조합방법이 더 중요하다"는 말을 들었다고 한다.

펜실베이니아주 피츠버그 교외의 알코아 회사의 기술센터(ATC)에서는 태양열관계의 표면처리의 과제로서 집열판 외에 태양열 반사판 (reflector)의 코팅을 들고 있다. 태양열 반사판은 태양열을 한점에 모은 다음 고열을 발생시키기 위한 오목거울 같은 것이다. 광택이 좋은 알루미늄판을 만들면 되는데 표면상태를 영구히 보존하기 위해서는 표면도장(coating)이 필요하다. 그러나 일본의 알루미늄업계에서는 아직 이것에는 손을 못 대고 있다.

ATC의 정문을 들어서면 현관 앞에 기묘한 것이 서 있다. 띠 모양의 가늘고 긴 세 개의 날개가 수직축을 중심으로 회전하고 있다. 1980년에 세운 풍력발전 장치이다. 높이가 42미터이고 날개는 알루미늄 합금으

알코아 기술센터의
풍력 발전장치

로 만들었는데, 300 kW의 출력을 가지고 있다. 알루미늄시장을 확장하기 위하여 신에너지 시스팀에까지 개발의 손을 뻗치고 있는 알루미늄 제조업계의 거인이다.

태양열과 풍력 등을 이용하는 신에너지 개발에서는 미지수의 부분이 많이 있다. 태양열에서는 집열판에 구리 또는 스테인레스를 사용하고 있다. 풍차의 날개에도 여러 가지 소재를 생각할 수 있다. 그런만큼 신소재의 개발이나 가공법의 연구만으로도 큰 시장을 장악할 수가 있다.

예를 들면 LNG(액화 천연 가스)의 이용이다. 육상탱크에는 9%·니켈강이 사용되고 있으므로 원가면에서 볼 때 경쟁할 수 없는 느낌도 있으나, 카이저 알루미

미쯔비시 중공업, 가와사끼 중공업, 미쯔이 조선이
건설중인 LNG선의 완성 예상도

늄이나 알코아는 "용접법을 개선하면 경쟁할 수 있다"고 생각하고 있다. LNG선(船)에 싣는 구형(球型) 탱크에는 카이저 알루미늄에서 만든 알루미늄과 마그네슘 합금후판(合金厚板)이 가장 우수하다. LNG관계 재료에서는 일본의 스카이 알루미늄과 고오베 제철소가 경합하고 있다. 후루가와 알루미늄공업도 참가할 태세에 있다.

원자력발전 관련사업으로 호황을 맞고 있는 티탄은 강하고 녹슬지 않는 성질 때문에, "원자력발전용 복수기(열교환기) 외에도 해양 온도차 발전 소재로서도 유망시되고 있다. 상업용 순수티탄의 가공 기술에서는 일본이 세계에서 상당히 앞서 있으므로, 이 새로운 시장에서 활약할 수 있을 것 같다"고 고오베제강소의 티탄 영업부장은 말한다.

확실히 티탄으로 만든 열교환기에서는 얄팍한 전봉관(電縫管)의 제조에서 조립기술에 이르기까지 고오베

티탄제 열교환기(고오베 제강소)

제강 등 일본의 제조업자들이 자랑할 만한 우수한 기술을 가지고 있다. 그런데 미국의 타이메트는 전혀 새로운 티탄 이용법에 손을 뻗치고 있다. 원자력발전소에서 나오는 핵연료 폐기물의 봉입처리에는 이 회사가 개발한 티탄합금 '타이코드 12'를 사용한다고 한다.

'타이코드 12'는 니켈 0.8%, 몰리브덴 0.3%를 함유하는 합금이다. 종전의 핵연료 폐기물 용기에 사용하던 스테인레스에 비하여 방사성 물질에 강하고 부식에 대한 걱정이 없다. 이것은 1981년 중에 미국 샌디아연구소가 서독에서 실험하였다. 타이메트의 부사장은 "기술의 리더십이 없다면 시장에서의 리더십을 바랄 수 없는 시대다"라고 뽐내고 있다.

원자력 관계에서 신소재를 필요로 하는 경우는 많다. 액체금속 냉각 고속중성자 증식로에서의 용융나트륨에 대한 내식성, 핵융합로의 내열성 등에 대한 문제해결에는 신소재의 개발이 촛점이다. 우리와 가까운 대체 에너지원인 지열이용에서도 파이프에는 유정파이프와는 다른 내식·내열성이 필요하다. 일부에서는 "현재의 지열용으로 사용한 파이프가 그대로 있는지 녹아 버렸는지 미심쩍다"라는 말까지 하고 있다.

새로운 에너지의 개발은 1980년대의 산업계의 중심 과제이다. 국제적인 개발경쟁은 더욱 심해질 것이다. 그것은 필연적으로 신소재의 개발을 촉진할 것이다. 신소재를 만드는 기술이 없다면 새로운 에너지의 개발도 없을 것이다.

자석에 붙지 않는 철
―리니어모터카의 심장

1976년 10월, 일본의 도오꾜(東京) 마루노우찌에 있는 히다찌(日立)제작소 히다찌공장으로부터 고오베제강소 도오꾜지사에 전화가 걸려 왔다. "비자성 철근을 개발했다는데 이것으로 새로운 후강판(厚鋼板)을 만들 수 없겠는가?" 히다찌기술자의 목소리는 아주 진지했다.

히다찌는 일본 원자력연구소가 개발중인 핵융합 실험장치 'JT―60'의 제작을 담당하고 있었다. 그래서 여기에 사용할 소재를 선정하고 있는 중이었는데, 고오베제강의 고망간 비자성강이 히다찌의 기술진의 눈에 띄게 되어, 공장장이 고오베제강에 직접 지시하여 전화를 걸게 된 것이다.

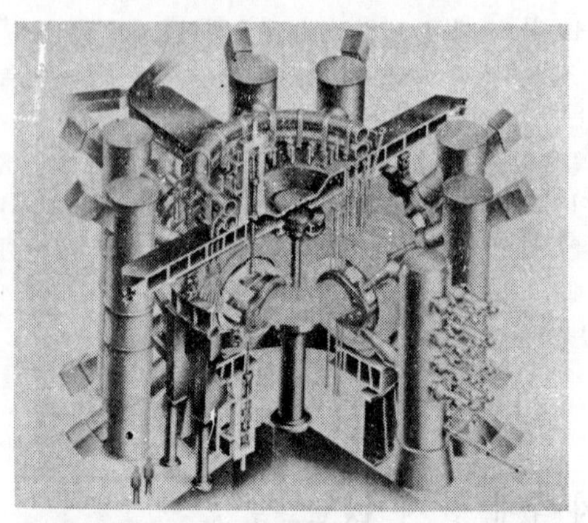

일본 원자력연구소의 핵융합 실험장치 JT-60(완성 예상도). 지름 9m의 돔을 지지하는 받침대에 비자성강이 사용된다.

이런 실정도 모르고 고오베제강 측에서 히다찌공장에 설명차 파견되었던 세 사람의 기술자들은 깜짝 놀라지 않을 수 없었다. 그것도 그럴 것이 히다찌공장 측에서는 간부진이 30명이나 마중을 나왔기 때문이다. 이 일이 있은 후에 히다찌공장 측은 곧 제강회사에 비자성강판의 개발요청을 하였다.

자석에 달라붙지 않는 강철—비자성강판에 히다찌가 깊은 관심을 갖게 된 것은 'JT-60'에는 이것이 절대로 필요하다는 판단 때문이었다. 'JT-60'은 세계의 최고수준에 있는 임계플라즈마(plasma) 실험장치로서, 지름이 약 15미터, 높이 13미터, 무게는 약 4천톤이나 된다. 강력한 자력으로 플라즈마를 주입하고 핵융합반응에 필요한 수천만~1억℃의 고온을 0.2~1

초간 유지하려는 목표이다.

'JT-60'의 받침대가 강력한 자력으로 자성을 띠게 되면 플라즈마의 제어에 나쁜 영향을 준다. 그러므로 받침대에는 비자성이고 강도가 큰 재료가 절대로 필요하다. 일본, 미국, 유럽 및 소련 등 핵융합 선진국은 모두 오스테나이트(Austenite)계 스테인레스강판을 사용하고 있다. 그러나 이 소재는 강도가 약하고 가공하면 비자성적인 성질이 나빠지는데다 값이 비싸다는 결점이 있다. 이런 이유 때문에 히다찌는 스테인레스강이 아닌 비자성 강판에 눈을 돌렸던 것이다.

강철에 13% 이상의 망간을 함유하면 자석에 달라붙지 않게 된다는 것은 예로부터 알려진 사실이다. 제2차 세계대전 전에 13망간 1크롬강이 제조되어, 일본군의 헬멧 등에 사용되었다. 고망간강은 강인한데다 가공하면 급속히 경화하는 성질을 이용한 것이다. 총알에 맞으면 순간적으로 경화하여 부상을 막게 된다.

전후에도 이 성질을 응용하여 특별한 힘을 받는 철도 레일의 포인트나 쇄석기(碎石機) 등에 사용해 왔다. 전차가 통과하거나 돌을 분쇄할 때마다 경도가 증가하여 강해진다. 그러나 이것은 압연이 아니고 주조 방법으로 만들어졌으며 비자성과는 관계가 없는 용도에 사용하였다.

망간을 다량으로 함유하는 비자성강은 일본 국영철도가 1975년에 리니어모터카(磁氣浮上列車)에 사용하는 비자성철근 등의 개발을 신니혼제철을 비롯한 여러 제강회사에 요청한 것이 계기가 되어 개발이 시작되었는데, 고오베제강에서 일본 국영철도가 필요로 하는 비자성 철근의 개발에 성공했다는 것을 알자, 히다

리니어모터카의 초전도자석에는 비자성강이 없어서는 안된다.

찌는 재빨리 'JT-60'에 이것을 채용하기로 했다.

'JT-60' 용으로는 고오베제강이 전력을 기울여 개발한 14% 망간·2% 크롬을 주성분으로 하는 재료가 발주되었다. 이 새 강재는 싱크대 등에 사용하는 18·8 스테인레스(크롬 18%, 니켈 8% 함유)와 비교할 때, 인장강도가 2배 이상이나 되며, 굴곡가공이나 용접을 해도 투자성(透磁性: 자성을 갖지 않는 성질)이 거의 변화하지 않는 우수한 성질을 갖고 있다. 더우기 가격은 값비싼 니켈의 함유량이 적기 때문에 3할 이상이 싸게 먹힌다.

결점은 가공성이 나쁘다는 점이다. 드릴로 구멍을 뚫을 때도 단숨에 작업을 끝내지 않으면 경화되어 칼날이 서지 않게 된다. 가공하면 경화하는 성질이 여기서는 도리어 결점이 된다. 열팽창율이 스테인레스강

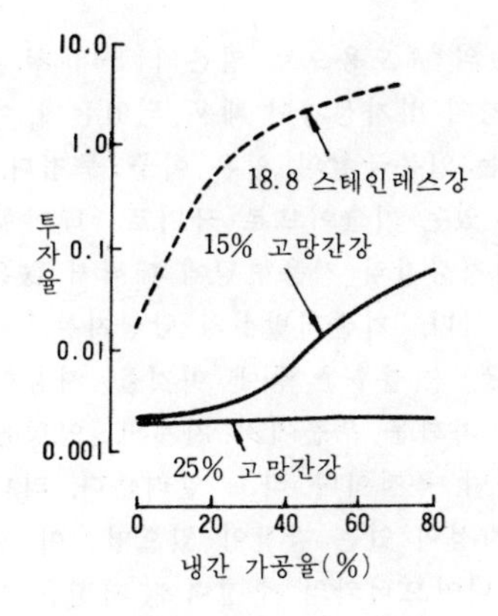

고망간 비자성강의 성질. 스테인레스강과는 달라서 구부림 등 냉간가공을 해도 투자율에는 거의 변화가 없다.

과 같을 정도로 크다는 것도 불편할 때가 많다. 고오베제강에서는 동시에 비자성강에 맞는 가공법과 용접기술을 개발하여 실용화에 성공했다.

현재는 니혼강관이 망간 함유율이 20% 이상이고, 탄소함량을 감소시킨 신강철을 개발하여 종전의 결점을 시정하였다. 신니혼제철, 가와사끼제철, 스미도모금속 등은 물론 다이도(大同) 특수강 등 특수강 제조업체에서도 같은 제조기술을 개발, 발전시키고 있다.

이것에 대해 미국의 US스틸이나 서독의 티센사 등 구미의 유력 철강메이커는 고망간 비자성강을 개발하고 있지 않다. "구미나 소련은 스테인레스강을 연구하고 있다. 고망간강의 개발에 성공한 것은 일본뿐일 것이다"라고 고오베제강의 강판 기술부장은 말한다.

비자성강의 용도는 핵융합 실험장치나 리니어 모터카 등 세계의 첨단기술과 밀접하게 결부되어 있다. 리니어모터카의 경우는 일본의 미야자끼현(宮崎縣)의 열차 실험선(7킬로미터)의 궤도용으로 일본의 5대 철강 회사와 다이도 특수강의 비자성강이 채용 되었는데, 이 실험을 관장하고 있는 일본국철의 입은 아주 무겁다. "세계에서 주목하고 있는 기술이므로 극비로 해야할 부분이 많다"라고 비자성강의 사용현황에 대해서 많은 말을 하지 않으려고 한다. 기술개발실의 담당자는 "궤도 구조용 철근, 앵글, 연결부문 등에 이것을 사용하고 있다. 자기코일의 가까운 부분에서 자계의 영향을 받지 않도록 하는 것이 목적이다"라고 알려준다. 리니어모터카 가까이에 자성이 있는 강철이 있으면, 이 강철에 자계가 생겨 리니어모터카의 추진력에 저항을 준다. 자기에너지의 손실도 생기고 주행속도도 떨어지게 된다.

리니어모터카의 심장은 극저온상태에서 전기저항이 제로가 되는 금속을 코일로 사용하여 강력한 자계를 얻는 초전도 자석이다. 꿈의 기술이라고 하는 핵융합에서는 말할 것도 없고, 일본정부의 문라이트 계획의 주요 프로젝트인 자기유체(MHD) 발전에도 초전도 자석을 사용한다. 이 초전도 자석과 비자성강의 관계는 불가분의 관계에 놓이게 될 것이다.

고망간강이 비자성이 되는 비밀은 망간을 함유함으로써, 보통의 철(펠라이트 조직)과 원자의 결정구조가 다른 오스테나이트조직으로 되어 있기 때문이다. 이 조직은 저온에 강한 특성을 가진다. 고망간강은 LNG(액화 천연가스)탱크 등 극저온용 신소재로도 유망하다.

"보통 강철에 대해서는 속속들이 연구가 되었으나, 오스테나이트조직에 대해서는 아직 미지의 영역이 많다. 상세한 연구가 진행되면 용도가 더욱 확대될 것이다"라고 가와사끼제철의 강재기술부장은 말한다. 기술자들은 고망간강의 장래성에 주목하고 있다.

초전도 금속의 수수께끼

—손실없는 100% 발전율을 추구

"이 발전기의 내부에는 철을 사용하고 있지 않다" —웨스팅하우스·일렉트릭 개발 프로젝트 담당 매니저는 뽐내며 말한다. 펜실베이니아주 피츠버그의 웨스팅하우스 중앙연구소. 여기서 세계최초의 상업용 초전도 발전기의 개발이 현재 급속도로 진행되고 있다.

초전도 발전기의 실용화에 전력을 경주하고 있는 미·일 기술자들의 당면목표는 발전효율을 1% 정도 향상시키는 것이다. 1%라고 하면 작아보이지만 "초전도발전기를 사용한 100만kW 발전소는 지금까지 사용한 발전기에 비하여 1년간에 석유 10만배럴 이상을 절약할 수 있다"고 웨스팅하우스의 부사장이 말하는 것으로 보아도 경제적인 의의가 상당히 크다. 미쯔비시전기의 중앙연구소 소장은 "초전도 발전기는 궁극적인 발전기다"라고 표현하고 있다.

초전도 발전기의 효과는 에너지의 절약만이 아니다. 일본 후지전기(富士電氣)의 종합연구소 주임연구원에 의하면 "발전기의 중량, 부피가 단번에 절반으로 감소되면서도, 강력한 자계를 쉽게 만들 수 있으므로 종전에는 곤란하였던 대용량 발전이 가능하게 된다"고 한다.

초전도 현상은 1911년, 네덜란드의 H.K. 온네스(Onnes)가 발견하였다. 영하 269℃라는 극저온의 액체헬륨 속에서 수은의 전기저항이 제로가 된다는 것을 발견했다. 저항이 제로라는 것은 전류가 흐를 때 열로 없어지는 에너지가 전혀 없다는 것이다. 대전류를 흘리는 분야에서는 발열, 즉 전류손실이 최대의 문제였는데 이것을 알게됨으로써 기적적인 현상을 발견한 것 같았으나, 초전도재료의 개발이 어려운 문제였다.

온네스의 수은으로부터 최근의 니오브 3게르마늄(Niob 3 Germanium)까지 수많은 초전도재료가 개발되었다. 초전도현상이 일어나는 '임계온도'가 조금이라도 높은 소재를 찾아 연구가 계속되고 있는데, 지금까지의 결과를 보면 대체로 4년마다 임계온도가 1°씩 높은 소재가 발견되고 있다. 액체헬륨온도로부터 액체수소온도(영하 153°C)까지 견딜 수 있는 재료가 발견되었는데, 다음 목표는 액체질소온도(영하 196°C)에 견딜 수 있는 재료이다. 실온에 조금이라도 가까와질수록 냉각이 쉬워지며 아울러 장치도 만들기 쉬워진다.

발전기는 고정자(固定子)가 발생하는 자기장 속을 회전자(回轉子)가 돌면서 전력을 만들어낸다. 회전력은 댐으로부터 발생하는 수력이나 석탄, 석유 및 원자력에 의한 증기 등의 힘을 이용한다. 회전자는 거대한 코일을 말하는데 여기서 발생하는 대전류를 조금이라도 손실없이 이용한다는 것이 효율적인 발전기를 제작하는 결정적인 수단이 된다. 초전도는 전류손실이 제로의 상태이므로 이것을 코일에 이용하면 최대효율을 가진 발전기를 만들 수 있다.

1973년 웨스팅하우스는 5 MVA(메가볼트 암페어, 1 MVA는 약 1,000kW) 규모의 초전도 발전기를 만들었다. 이어서 일본의 후지와 미쯔비시는 1976년에 당시 세계 최대용량의 6 MVA 기를 만들어 정상에 섰다.

2년 후에 웨스팅하우스는 10 MVA 초전도 발전기를 만들어 다시 일본을 앞섰다. GE도 질새라 20 MVA기의 개발에 박차를 가하여 1981년에는 시운전을 마쳤으며, 일본의 후지, 미쯔비시도 일본 통산성(通產省:우리나라의 상공부와 같음)의 보조금을 받아 30 MVA기를 설계하였고, 히다찌제작소도 독자적으로 50 MVA기의 연구를 시작하였다.

한편 웨스팅하우스는 독자적으로 완전한 실용규모라라고 일컫는 300 MVA 기를 제작할 준비를 착실히 진행하고 있다. 이 개발에는 EPRI(전력연구소:미국 전력업계의 공동 연구기관)에서 보조금을 지출하고 있으며 1984년에는 발전소에 설치할 예정이다.

개발에서 가장 중요한 촛점이 되는 것은 초전도 재료의 연구다. GE, 웨스팅하우스의 중앙연구소에서 보여준 초전도 재료는, 단면이 보통의 동선과 같은 코일로밖에 보이지 않는다. 그러나 현미경으로 확대해 보면, 한가닥의 동선 속에 수많은 니오브·티탄(Niob·Titan) 계합금의 초전도선이 들어있다.

이 동선을 둘둘 말아서 진공 속에 넣고 에폭시수지를 삼투시켜 견고하게 굳히면 초전도코일이 된다. 후지, 미쯔비시의 6 MVA기는 3㎜ 각(角)의 동선 속에,

미국과 일본이
개발을 겨루는
초전도 발전기.
위로부터
후지전기·미쯔비시
전기그룹,
GE,
웨스팅하우스.

지름이 겨우 40마이크론이라는 머리털보다 가는 니오브・티탄・탄탈(Niob・Titan・Tantal)합금을 수 백개나 심어넣은 초전도재료를 사용했다. 이런 구조로 대량의 전류를 손실없이 흐르게 할 수 있다.

니오브・티탄은 영하 264℃ 이하의 극저온의 액체헬륨 속에서 전기저항이 제로가 된다. 다음 세대의 재료라고 일컬어지는 니오브3주석은 합금이 아니고 니오브와 주석의 화합물이다. 이 소재는 니오브・티탄합금보다 약 10℃ 정도 높은 온도에서도 초전도성을 유지할 수 있으며, 가공이 훨씬 쉽다. 그런데 니오브3주석은 상당히 무르다. 니오브・티탄처럼 가느다란 필라멘트모양으로 늘어나게 할 수가 없다.

그래서 일본의 후지전기와 후루가와 전기공업은 순수한 니오브 선재(線材)를 놋쇠(구리와 주석의 합금)로 감싸고, 이것을 다시 구리로 감싸서 가느다란 선재(線材)를 만든다. 이 재료를 로(爐)에 넣고 가열하면 니오브에 주석이 스며들어 니오브3주석이 된다.

후지와 미쯔비시그룹은 다음 번의 30 MVA 기에 이와같이 만든 니오브3주석으로 된 코일을 일부 사용할 계획이다. 또 "장래의 재료로는 니오브3 게르마늄이 있다"고 웨스팅하우스의 J・K 할룸박사는 말한다. 희귀한 헬륨을 사용하지 않고도 영하 253℃의 액체수소의 온도에서 초전도가 생긴다. 니오브 3 게르마늄은 니오브3주석보다도 더 무르다. 이 때문에 필라멘트모양이 아닌 얇은 리본모양으로 할 것이 고려되고 있다.

초전도코일의 회전자를 액체헬륨에 담그고, 바깥쪽은 단열을 시키기 위하여 보온병처럼 진공으로 된 틈으로 감싼다. 이것을 매분 3,600회전을 시켜야 하므로, 그 전체를 유지하는 구조재료도 특수재료가 필요하다. 극저온에서 견딜 수 있고 자화(磁化)되지 않는 재료이어야 한다. 만일 액체헬륨이 새어나온다면 발전소 안은 당장에 남극처럼 꽁꽁 얼어버릴 것이다.

그래서 웨스팅하우스는 인코넬이라고 하는 제트엔진에 사용하는 소재를, GE는 A 286 하이니켈(high nickel)강을, 후지와 미쯔비시는 티탄합금을 사용하기로 하였다.

GE에서는 일반 발전용 이외에 사용하는 지극히 특수한 초전도 발전기의 개발이 진행되고 있다. 이 초소형 발전기는 출력이 2만 kW로, 매분 6,000회전, 4만볼트의 고압전류를 발생한다.

더우기 냉각장치를 사용하지 않으므로 액체헬륨을 단번에 넣고 단지 5분간만 움직이면 된다는 것이다.

"미국 공군에서 주문한 것이므로 더 자세한 내용에 대해서는 말할 수 없다"라고 한다. 전문가들은 하늘을 나는 레이저무기의 전원(電源)이 아닌가 하고 추측하고 있다. 이와 같은 기술은 미국의 독무대이다.

웨스팅하우스에서는 80년대에 상업용 항공기의 주문을 받을 예정이다. GE도 90년대에는 신설 발전기의 대부분은 초전도형이 되리라고 예상하고 있다. 초전도 발전의 실용화로 개척된 기술은 초전도성, 모터, 초전도 송전, 초전도 에너지저장, 자기부상열차, 전자유체(電磁流體:MHD)발전, 핵융합 등 폭넓은 분야에 응용될 것으로 기대된다.

자동차 경량화 작전 (I)
—고장력 강판

—미국의 강철업계는 일본과 경쟁할 수 있는 힘이 있다고 생각하는가?

"생산공정에는 문제가 있지만 연구개발에는 뒤지지 않는다. 이전에는 코스트 억제라는 수비태세가 과제의 중심이었지만, 지금부터는 신제품의 개발이라는 공격적인 문제에 중점을 두고 추진할 생각이다"

—예를 들면 어떤 것인가?

"냉연강판(冷延鋼板), 특히 자동차용 고장력(高張力:고강도) 강판개발에 전력을 기울인다."

펜실베이니아주 베들레헴에 있는 미국 제2의 철강메이커인 베들레헴 스틸사(Bethlehem Steel Co.)의 호머 연구소 부소장이 기자의 질문에 의연한 태도로 대답하였다.

세계자동차 메이커의 연료소비 절약경쟁은 점점 더 심각해지고 있다. 엔진효율의 개선, 차량의 소형화와 더불어 중요한 것은 소재의 경량화이다. "알루미늄이나 플라스틱을 더 많이 이용하는 것도 검토되고 있지만, 역시 제일 중요한 것은 고장력강판"이라고 닛싼(日産)자동차는 보고 있다. 얇고 튼튼한 철판을 어떻게 해서든지 개발해 달라는 철강메이커에게 대한 요구는 점점 더 심해지고 있다.

일본에서는 승용차의 차체에 사용하는 강판은 두께

가 보통 0.8 ㎜ 전후인데, 강도가 있는 고장력강판이 면 0.1 ㎜ 정도까지 얇게할 수가 있다. 일본의 자동차 제조회사는 최근 새로운 모델로 20% 전후를 고장력 강판으로 전환했으며, 장래에는 40~50% 정도까지 사용량을 늘일 계획이다. 그렇게 되면 자동차의 무게는 15% 정도가 가벼워지고 연료는 10% 정도 절약할 수 있게 된다.

자동차용 강판의 두께가 얇아지면 자동차의 강재사용 톤수도 감소된다. 무게로 판매하는 철강 메이커로서는 얇아진 몫에 해당하는 만큼의 특별요금을 받고 싶지만 자동차 메이커는 그렇게 하려고는 않는다. 그래서 고장력강판은 오히려 철강 제조업자를 난처하게 만들고 있다. 그래서 일부 업자들은 고장력강판을 무게로 하지 않고 넓이로 환산해서 판매하기를 바라고 있다.

미국에서의 사용비율은 현재 13~14% 정도로 비교적 낮지만, 1985년까지는 전체 승용차의 평균 연료비를 1ℓ당 11.7㎞(1990년은 8.1㎞)로 개선하도록 의무화 하고 있다. 그것을 지키지 않으면 벌금을 물게 한다. 자동차 제조의 3대 업체에서도 앞으로의 고장력 강판 사용이 긴급과제로 되어 있다.

고장력강판이라고 해서 덮어놓고 강하다는 것만으로는 자동차에 대량으로 사용할 수 있는 것은 아니다. 범퍼와 같은 복잡한 가공을 필요로 하지 않는 부분이라면 문제가 없지만, 차체의 패널 등에 견고한 고강도판을 사용하려면 깨지든가 금이 가게 된다. 아름답고 멋진 유선형으로, 강판을 프레스로 가공하든지, 심층(深層) 압착가공으로 복잡한 요철(凹凸)을 만들어내

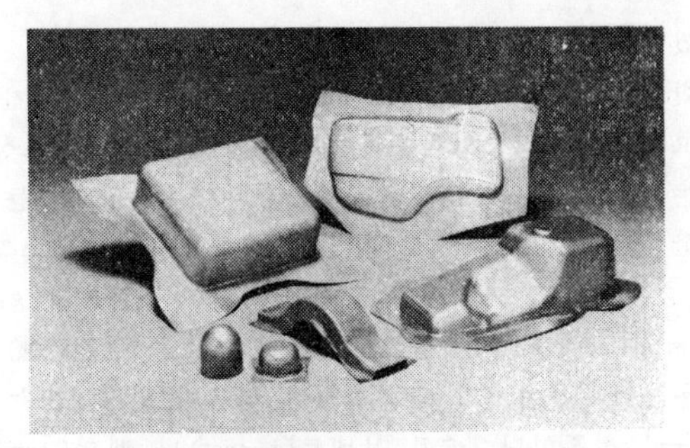

고장력 강판을 사용한 프레스가공의 예

어야 한다. 강도를 높이기 위해서 합금원소를 대량으로 넣어 강철을 만들면 용접성이 나빠진다. 자동차에 쓸 강판은 내식성과 방음성도 커야 한다.

미국의 자동차 메이커가 취하는 방법은 시행착오이다. GM(General Motors)이 호일에 고장력 강판을 사용한다고 선전하고도 취소한 적이 있다. 거기에 비해서 일본의 자동차 제조업자의 요구는 상당히 엄격하다. "이 부품을 고장력강으로 만들어 견본을 가져오라" 고 철강 5대 제조업자의 기술자들을 한자리에 모아놓고, 그 앞에서 품질을 심사하며 큰소리를 친다. 철강 제조업체에는 각 자동차회사의 엄격한 균열 시험에 합격하지 못하고 "연구실에서의 실험에서는 금이 가지 않았었는데……" 하며 분통을 터뜨린 기술자들도 많다. 균열시험에 합격하더라도 가공성, 용접성 등등— 사용목적에 따른 재료특성이 세밀하게 점검된다. 일본의 철강메이커는 "이와 같은 엄격한 시험에 견뎌내었기 때문에 새로운 형식의 고장력강판을 연달아 만들어낼 수 있었다. 자동차 제조회사와의 공동개발로 성공했다고 할 수 있을 것이다"라고 말한다.

한 예로 '베이크 하드'(bake hard : 구우면 강해진다)라고 불리는 심층압착용의 고장력강판은 프레스성형때는 연하지만, 도장담금질을 한 뒤에는 강해지는 이상한 성질을 가졌다. 이 강판은 가공이 쉽지만 조그마한 충격으로도 찌그러지기 쉬운 알루미늄킬드강(Aluminum killed steel)을 원료로, 상자형 소둔로(燒鈍爐) 를 사용하여 10여시간 담금질하여 만든다. 인장강도는 40 kg/mm^2 전후이다. 주로 보네트(bonnet)나 펜더(fender) 등 가공이 힘든 차체의 외판류에 사용된다.

미국과 일본에서 지금 가장 주목을 끌고 있는 것은 '복합조직강'(dual phase)이라 불리는 것이다. 펠라이트라는 연하고 연신성(延伸性)이 좋은 금속상(金屬相)과 마르텐사이트(martensite)라는 강한 소성상(燒成相)의 양쪽이 적당하게 혼합된 복합조직으로 되어 있어 가공이 쉽다. 인장강도는 1 mm^2에 대하여 100kg 까지 가능하며 주로 차체의 강도가 필요한 곳에 사용된다.

복합조직강을 만드는데 위력을 발휘한 것은 연속 소둔설비(連續燒鈍設備)이다. 종전에는 1주일 정도가 걸리던 냉간압연(冷間壓延)의 사후 처리공정을 연속화시킴으로써 소요시간을 10분 이하로 단축하고 대량생산을 가능하게 하였다. 신니혼제철과 일본강관이 선발업체인데 가와사끼제철, 스미도모금속공업, 고오베제강소 등도 나중에 이 연속소둔(連續燒鈍)설비를 도입하였다.

미국에서도 현재 이 시설을 도입하려는 계획이 추진중에 있는데, 제일 먼저 착수한 회사는 '하이폼'(High form)이라는 명칭으로 복합조직형식의 고장력강판을 제조하려는 인랜드스틸사(Inland Steel Co.)이다. 이

복합조직강(dual phase)제조에 위력을 발휘하는 연속 소둔설비 (니혼강관 후꾸오까 제철소)

어서 베들레헴스틸사도 도입을 결정했으며, US스틸사에 대해서는 신니혼 제철과 일본강관 사이에 격렬한 기술 판매경쟁이 전개되고 있다. GM을 비롯한 미국의 자동차 메이커는 강도재료 부문에 고강도재료를 채용할 계획인 것으로 보아 연속소둔의 전망이 밝다.

지금까지의 고장력강판의 사용비율은 법적인 연료사용 규제를 받고 있는 미국보다는 일본이 더 높았다. 일본의 철강회사들은 그 이유로서 "미국 철강회사들은 생산 공정이 약체이기 때문에 공급력이 없었다"는 것을 든다. 베들레헴의 화이트리연구소의 부소장의 말과 일치한다. 그러나 미국도 일본을 따라 잡으려고 대단한 노력을 기울이고 있다. 미국의 철강 메이커들이 본격적으로 고장력강판 제조에 돌입할 때 미·일간의 '자동차 경량화 전쟁'은 제2회전에 들어가게 될 것이다.

자동차 경량화 작전 (II)

―알루미늄합금 개발경쟁

1981년 2월 23일부터 27일까지 5일간, 미시간주 디트로이트의 코보 홀에서 자동차 기술자협회(SAE) 대회가 열렸다. 넓은 1층의 전시회장 중앙에 유달리 눈길을 끄는 황색 스포츠카가 전시되어 있었다. 미국 알루미늄협회(AA)가 출품한 알루미늄제 '바이킹 IV'이다.

워싱턴주에 있는 웨스턴 워싱턴대학 자동차연구소에서 만든 시험제작차인데 2인승 디젤엔진 1,471cc이다. 1980년 8월의 제2회 대륙횡단대회에 참가하여 서해안 최북단의 워싱턴주 베링검으로부터 동해안의 워싱턴까지 완전히 주파하였다. 연료소비율은 1ℓ당 37㎞ 즉, 오토바이와 같은 적은 연료소비율이다.

총중량은 592㎏인데 이 중에서 227㎏이 알루미늄이다. 섀시, 보디 패널, 범퍼, 휠, 연료 탱크 등 가능한 한 알루미늄을 사용하고 있다. "어떻습니까? 알루미늄을 사용하여 경량화하면 이와같이 에너지절약을 할 수 있읍니다"라고 AA측은 선전하고 싶은 것이다.

디트로이트의 SAE 대회에 출품된 알루미늄제 스포츠카 바이킹 Ⅳ

자동차의 알루미늄화는 세계의 알루미늄 관계자들의 염원이다. 4~5년 전에 미국의 어떤 알루미늄 정련 메이커가 GM에 대해서 "알루미늄을 더 많이 사용해 달라"고 말한바 "우리회사에서 본격적으로 알루미늄을 사용한다면 연간 100만톤 이상의 지금(地金) 이 필요하다. 그 양을 안정되게 공급할 수 있겠는가" 라고 도리어 역습을 당한 적이 있다. 1980년의 자유세계의 알루미늄 생산량은 1,260만톤이다. 이 숫자와 비교할 때 얼마나 매력적인 분야인지 알 수 있을 것이다.

그런 만큼 알루미늄업계는 신소재의 개발이나 가공법연구에 핏대를 세우고 있다. 펜실베이니아주 피츠버그 교외에 있는 알코아 기술센터(ATC)에서는 제품관계의 연구를 하고 있는 네 부문 중에서 세 부문이 자동차에 관한 연구를 중심으로 하고 있다.

표면처리 부문은 알루미늄제 범퍼의 알루마이트 처리와 크롬도금을, 금속가공 부문은 보네트 재료 등의 프레스성형을, 그리고 접합부문은 알루미늄판 등의 용접관계 연구를 하고 있다. 이들 각각의 장치는 전문공장 규모로 되어 있어 마치 자동차 부품메이커를 방문한 것같은 기분이 든다. 전자빔 용접장치 등 최신기기설비들을 많이 갖추고 있다.

보네트나 보디패널재료에 대해서는 알루미늄합금의 개발경쟁이 심하다. 얇으면서도 강하게 하는 것과 성형성이 우수한 것이 걸맞아야 한다는 것이 이 연구의 촛점이다. 종전에는 레이놀즈메탈이 공급하는 알루미늄・구리・마그네슘계의 '2036' 이나, 알루미늄・마그네슘계의 '5182' 가 앞서 있었다. 알코아가 보다 강한 알루미늄・마그네슘・실리콘계의 '6009' '6010'을 개발하고, 이것을 GM의 올즈모빌(Oldsmobile)이 채용하였다. 레이놀즈도 성형하기 쉬운 알루미늄・구리・마그네슘・실리콘계의 'RX 209'를 개발하여 반격을 노리고 있다.

일본의 업자들도 열심히 연구하고 있다. 특히 스미도모 경금속공업의 '30-30'은 국제적으로 주목을 받고 있는데, 이것은 3.5~5.5%의 마그네슘, 0.5~2%의 아연, 0.3~1.2%의 구리를 함유하는 알루미늄합금이다. 인장강도는 30kg/㎟, 성형에 필요한 신장률은 30%이고 강도는 냉연강판 정도이다. 신장율에서도 알루미늄으로서는 높다. 이 회사에서는 "신장율을 35% 이상으로 하면 유망하다"고 가공성의 향상에 기대를 걸고 있다.

더우기 알루미늄합금으로 된 보디패널재료가 일반적

으로 사용되는 것은 1985년 이후라는 견해가 지배적이다. "6009나 6010의 성형성(成型性)에서는 일본의 자동차메이커의 냉연강판용(冷延鋼板用) 프레스로는 성형을 할 수 없다"는 고오베제강소의 말과 같이 기술적인 문제가 제일 큰 이유이다. 두번 째의 이유로는 알루미늄화에 정열을 쏟던 미국의 자동차 제조업계가 불경기 때문에 값이 비싼 알루미늄을 사용할 수 없게 되었다는 점이다.

카이저·알루미나 앤드 케미컬의 T.B.프리체트 기술센터 부소장은 "차체재료를 여러가지로 연구하였지만 도저히 철과는 대항할 수 없을 것 같다. 알루미늄박과 플라스틱의 복합재료가 좋을 것 같다"라고 말하고 있다. 동사는 범퍼, 휠, 라디에이터 등에 힘을 쏟는 경향이 있다. 범퍼의 표면처리, 압출(押出), 휠재료의 접합방법, 라디에이터재료의 진공 납땜기술 등 가공기술의 연구에 중점을 두고 있다.

알루미늄제 범퍼는 앞으로 틀림없이 정착될 것 같다. 종전의 철에 크롬도금을 한 것보다 광택을 내기 어렵다는 것이 난점이므로 일본의 자동차메이커에서는 거의 사용하고 있지 않다. 그런데 미국에서는 착실하게 증가하고 있다. 폴크스바겐(Volkswagen)이 1981년도 소형차에서 알루미늄색을 그대로 살린 범퍼를 채용했는데, 이것이 대대적인 사용의 도약대가 될 것 같다.

대형차의 경량화가 과제인 미국에서는 비교적 알루미늄화의 속도가 빨랐다. 1970년에 1대당 알루미늄 사용량이 35kg이던 것이 1979년에는 54kg으로 증가하였다. AA의 기초시장조사부장은 "GM이나 포드의 움직임으로 보아 1985년에는 70kg 전후까지 사용될것으로 예측되지만, 그후에는 일본의 도요다나 폴크스바겐에서 상당량을 사용할 것이다"라고 전망하고 있다.

알코아의 한 기술 예측 담당자는 "자동차 알루미늄화의 장래에 대해서는 낙관적으로 생각한다. 가까운 장래에 1대당 200㎏ 이상을 사용하는 날이 온다. 플라스틱도 능가할 것이다. 무엇보다 장점이라고 할 수 있는 것은 다른 재료 이상으로 재생이 가능하다는 점이다"라고 확신이 대단하다.

그러나 자동차의 알루미늄화의 제일 큰 문제는 역시 고장력강판이나 플라스틱 등 다른 소재와의 가격경쟁력이다. 그런 면에서는 일본은 정련(精鍊) 비용이 비싸게 먹히기 때문에, 알루미늄 압연 메이커는 상당히 불리한 입장에 놓여 있다.

녹슬지 않는 자동차
— 도금이냐, 도장이냐

"일본차나 외국차도 수년 전에 비교하면 훨씬 내식성이 커졌다"고 일본에 와 있는 자동차 방청 처리업자인 타프코트·다이놀·재팬의 관리자는 말한다. 자동차의 '녹'을 극복해 가고 있다. 그 이면에는 자동차 메이커와 철강메이커가 필사적으로 '녹슬지 않는 강판'을 개발하는데 온갖 힘을 기울이고 있기 때문이다.

자동차의 방청(防錆)대책에 제일 먼저 손대기 시작한 것은 미국의 3대 자동차메이커들이다. 도장하지 않은 면, 즉 안쪽에만 아연도금을 하는 '편면 아연도금 강판'이나 마찬가지로 한쪽면만을 아연을 함유한 특수 수지도료로 칠하는 '진크롬메탈'(Zinc chrome metal)을 4~5년 전부터 다량으로 사용하기 시작하였다. 미국이나 캐나다에서는 겨울철의 동결 방지용으로 자동차도로에 대량의 염화칼슘을 뿌린다. 이 염화칼슘의 독성으로부터 오는 차의 부식을 막기 위하여 "5년간 구멍이 뚫리지 않고, 3년간은 표면에 녹이 슬지 않아야 한다"는 엄격한 캐나다규칙이 있다. 이 규칙에 합격하기 위하여 각 회사에서는 방청대책에 전력을 기울이고 있다.

미국의 동향은 즉각 일본으로 번져왔다. 처음에는 수출용 자동차에, 다음에는 내수용 자동차에 차례로 방청대책이 적용되게 되었다. 그런데 대응책은 각사가 저마다 다 다르다. 도요다(豊田) 자동차공업은 '편면 아연도금'이 주류이고, 닛싼(日産) 자동차는 '진크롬 메탈' 방법을 채용하고 있다.

곤란하게 된 것은 철강메이커이다. 자동차메이커에게 "어느 방법을 채택할 것이냐"고 물으면 "그것은 이쪽에서 묻고 싶은 말"이라고 반문한다. "설비나 사고방식에 따라 각양각색이다. 편면 아연도금이 좋으냐, 진크롬메탈이 좋으냐는 것은 현재로서는 확실하게 알 수가 없다. 방법을 잘못 선정하여 설비에 투자하면 실패할 위험성도 적지가 않다. 그러나 도요다나 닛싼은 모두 중요한 거래선이므로 현재로는 양쪽을 다 따를 수밖에 없다"라고 니혼강관의 철강기술부장은 말한다.

신니혼제철은 야하다(八幡)와 나고야(名古屋)의 두 제철소에서, 니혼강관은 후꾸야마(福山)제철소에서, 비연삭·용융(非研削·溶融)도금방식인 편면 아연도금 강판의 생산을 시작했으며, 동시에 양사가 모두 진크롬메탈에도 새로 참가할 예정이다.

자동차의 외판용 아연철판의 경우, 표면은 도장하기 쉽게 도금을 하지 않고, 뒷면만을 녹이 슬지 않도록 도금을 한다. 여기에는 몇가지 방법이 있다. 전기도금이라면 간단하게 한쪽면만을 도금할 수 있지만, 아연의 부착량을 두껍게 하기 힘들다. 용융도금의 경우에는 부착량을 두껍게 할 수는 있지만 양면에 아연이 부착되므로, 한면은 나중에 깎아내거나(研削式) 미리 한면에 도금이 되지 않도록 연구해야 한다(非研削式).

신니혼제철은 지금까지 연삭식인 용융도금법을, 니혼강관은 전기도금법을 사용하고 있었으나 현재는 새로운 비연삭식 용융도금기술을 개발하여 이 방법을 채용할 예정이다. 가와사끼제철은 미국의 US스틸사로부터 전기도금으로도 아연부착량이 두꺼운 것을 능률적으로 생산할 수 있는 새로운 기순을 도입하여 지바(千葉)제철소에 새로운 라인을 건설 중에 있다.

한편 진크롬메탈법은 미국의 종합화학회사인 다이어먼드 샘로크(Diamond Shamrock)사가 개발한 특수한 방청용 도료를 냉연강판에 칠하는 것이다. 일본에서는 스미도모 금속공업과 가와사끼제철소가 처음 시작하였다. 닛싼자동차가 본격적으로 채용할 것을 결정하였으므로 신니혼제철은 계열회사인 다이요(大洋)철강의 컬러도장 라인을, 니혼강관은 게이힌(京浜)제철소의 라인을 각각 사용하여 생산하기로 했다.

자동차용 표면처리 강판은 다양한 종류의 새로운 타입이 시판되고 있다. 제조방법이 확정되지 않는 만큼 신형을 먼저 만들기 시작하면 판매시장을 확장할 수 있는 이점이 있기 때문이다. 예를들면 아연도금을 한 다음, 가열처리를 하여 아연과 철표면의 일부를 합금화시키는 '합금화 아연도금 강판'은 현재 사용되고 있는 아연도금강판보다 도장성, 용접성이 우수하다. 전기도금에는 아연도금만이 아니고 아연과 니켈 합금을 도금한 것(신니혼제철, 스미도모금속)이나, 아연과 크롬, 코발트와의 합금을 도금한 것(니혼강판) 등이 개발되어 있다. 아연 대신 알루미늄으로 도금한 강판은 내열성이 우수하므로 자동차의 머플러 등에 사용되고 있다.

최근 미국에서는 안쪽의 방청을 해결하고 이번에는 표면의 방청문제를 해결하려고 연구 중에 있다.

3대 자동차메이커 중에서 GM과 포드는 일본처럼 양이온전착(電着)도장설비를 도입하기 시작하였다.

그러나 크라이슬러는 자금난으로 설비를 설치하기가 곤란하다. 그러므로 미국의 내셔널스틸사(National Steel Co.)는 안쪽은 두터운 아연도금으로, 표면은 얇은 합금화 아연도금을 한 '펜타이트 B'라는 강판을 개발하여 크라이슬러에 납품하고 있다.

최근에 와서 일본으로부터 일방적으로 기술도입을 할 입장에 있는 미국 철강메이커도 이 표면처리에 대해서만은 아직도 자신을 가지고 있다. 미국 제2위인 베들레헴스틸은 용융식으로 아연과 알루미늄합금을 도금한 강판을 개발하여 '갈발륨'(Galvalume)이라는 이름으로 판매하고 있다. 용도는 자동차용 뿐만 아니라 기구, 지붕, 벽, 태양열을 이용하는 온수패널 등인데,

외부에서 보이는 곳의 재료는 거의가 엔지니어링 플라스틱을 사용하여 경량화를 시도 알루미늄·아연합금 도금강판 '갈발륨'을 해설한 일·중국어로 된 팜플렛(미국 베들레헴 스틸사)

일본어나 중국어로 해설을 한 팜플렛까지 만들어서 전세계에 기술수출을 하려고 적극적인 활동을 전개하고 있다. 베들레헴·인터내셔널·엔지니어링사의 부사장은 "81년 중에 일본의 메이커로부터 계약주문을 받고 싶다. 몇개 메이커가 기술지도를 희망하게 될 것이다"라고 자신만만했었다.

본래 아연도금 강판은 양철판이라 불리며 주로 지붕이나 벽 등의 건축재료에 사용되었었다. 그런데 여러가지 종류의 도금강판이 등장하고 품질이 향상됨으로써 자동차나 가전제품 등에 사용되는 냉연강판 등도

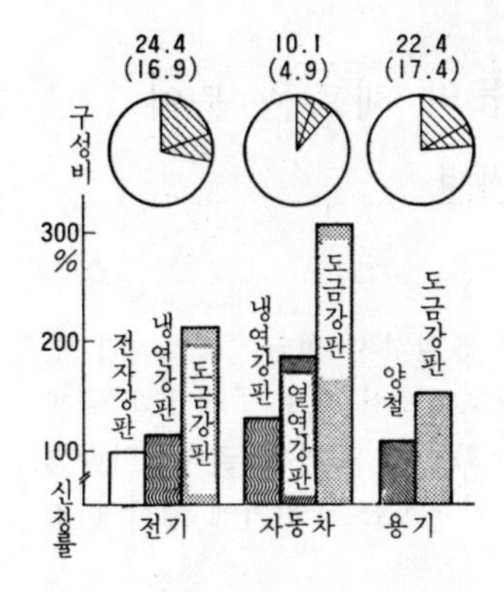

일본의 도금강판의 신장률과 구성비의 변화. 신장률은 1979년도 소비량/1973년도 소비량. 구성비는 전강재를 100으로 한 도금강판의 비율. 위의 숫자는 1979년도, 괄호안은 1973년도. 용기의 도금강판은 틴프리스틸

점차 도금강판으로 대체되게 되었다.

세탁기나 냉장고 등 가전제품에는 미리 강판에 도장한 전처리 도장강판이 점점 사용하게 되었는데, 어떤 가전제품 조립공장에서는 도장공정을 없애버린 곳도 있다. 콜라나 주스 등 음료수의 깡통재료도 종전의 양철(주석도금 강판) 대신 값비싼 주석을 사용하지 않고 틴프리스틸(Tin free steel : 크롬계 도금강판)로 급속히 대치되고 있다.

각 철강메이커는 수요업계의 기호에 맞는 훌륭한 화장을 할 수 있게 되었다. 여기에 대해서만 생각하면 미국의 철강메이커의 수준도 높다. 그러나 "설비가 노후된 미국의 강재는 '화장'을 제거하면 곧 알 수 있다"고 가와사끼제철은 말한다. 표면처리 강판도 고급화될수록 '화장'을 하지 않고도 표면의 흠이 없는 것이어야 더욱 좋은 제품이 될 수 있다.

납, 아연, 카드뮴의 새로운 분야

-복권을 노리는 구세력

1981년 2월 3일에서 5일까지 미국 플로리다 주 마이애미의 인터콘티넨탈호텔에서 열린 '제3회 국제 카드뮴회의'(2년마다 개최)는 '과거의 금속' 이라고 하였던 카드뮴의 부활을 기대하는 분위기에 휩싸여 있었다.

국제 납·아연 연구기구(ILZRO), 미국 카드뮴회의와 영국 카드뮴협회가 공동으로 개최한 회의 초에 개최자측의 개회인사차 나온 ILZRO부회장은 "카드뮴 규제의 움직임에는 미국의 매카시 선풍 때와 같은 경향이 없지 않다. 나는 독일출신이지만 나치즘에는 절대 반대다"라고 규제 이전에 과학적인 연구를 더 할 필요가 있다는 것을 강조하였다.

도금, 촉매, 염화비닐 안정제, 합금 등에 사용되던 카드뮴이 '이따이 이따이병'과의 관계가 지적된 이래 기피하는 경향이 두드러졌다. 스웨덴에서는 카드뮴 생산이 금지되었고 외국에서 카드뮴을 사용하여 만든 제품은 수입을 금지하고 있다. 서독에서도 규제를 강화할 방침을 세우고 있다. 그러나 최근의 회의에서 일본학자들로부터 카드뮴 오염과 연골화증의 인과관계에 대한 의문이 제기되었다. 이 회의를 계기로 해서 일본 광업협회에서는 카드뮴 규제를 완화하자는 운동을 추진하고 있다. 카드뮴의 연구가 진행되고 세상

제3회 국제카드뮴회의(1981년, 미국 마이애미)

사람들의 관점이 달라진다면, 다시 금속소재로서의 각광을 받을 가능성도 배제할 수 없을 것이다.

현재 카드뮴의 부활을 위한 연구개발도 대단히 활발하게 진행되고 있다. 미국의 엔겔하드 메탈(Engelhard Metal)에서는 전자 접점재료로서의 은과 카드뮴합금의 개량을 추진 중에 있고, ILZRO는 태양전지용 황화카드뮴의 연구를 하고 있다. 1979년과 1980년의 2년간 카드뮴에 관한 특허는 전세계에서 500건이나 신청되었다고 한다.

카드뮴은 아연의 부산물이다. 이 아연광석은 납광석과 함께 채굴되고 있다. 그래서 구미 각국과 일본의 주요 납·아연의 채굴·정련회사가 조직하는 ILZRO도, 카드뮴의 연구개발에 열의를 보이고 있다. 이 ILZRO는 납과 아연에 대한 연구가 가장 중점적인 연구분야이다.

회의 중의 쉬는 시간에 만나 이야기할 기회를 준 ILZRO의 사무국장에게 "아연은 망해가는 금속이 아닌가?"라고 자극적인 질문을 던졌더니, "무슨 말을 하느냐"는 표정으로 반론하기 시작한다. "알루미늄합금으로 만든 자동차엔진이 화제가 되고 있는데, 가공성이 좋은 아연합금을 사용하면 더 얇은 부품을 만들 수 있다. 발열이나 진동 등에서도 좋은 것을 만들 수 있다"고 한다.

이 아연합금은 구리 1%, 티탄 0.2%를 함유하는 새로운 소재다. 철, 알루미늄, 구리 등이 사용되는 기계부품을 아연·알루미늄합금으로 대치하려 하고 있다. ILZRO가 개발하고 텍사스 걸프사 등이 유망하게 생각하고 있는 주조용 아연합금(알루미늄 8, 12, 27%를 함유하는 3종)도 주목을 받고 있다. 가공성이 좋은 것과 강도가 비교적 좋다는 것이 장점이다.

아연의 최대시장은 아연도금강판인데, 이것에 대항하여 새로이 나타난 '갈발륨'(알루미늄 55%, 아연 43.4%, 실리콘 1.6%)에 대해서는 ILZRO의 사무국장도 신경을 곤두세우고 있었다. "그것은 좋은 재료이지만 알루미늄의 함량이 너무 많다. 우리는 아연 95%, 알루미늄 5%의 함량으로 된 도금재료를 개발 중에 있다. 벨기에의 레쥬에 파일러트 플랜트를 세운다."라고 의기 양양하다. 표면처리가 좋고 내식성이 뛰어나다는 것 말고도 "아연을 많이 사용하는 편이 값이 싸다"고 말을 한다.

이런 가운데서 자동차용을 비롯한 각종 배터리를 둘러싸고 납과 아연끼리의 싸움도 일어날 것이 예상된다. 이쪽은 본래 납의 최대시장이지만 아연도 자동차용 그 이외의 배터리 등에 용도가 많다. 전기 자동차용 고성능 소형 배터리로서 최근에는 니켈·아연축전지가 유력한 후보로 등장하고 있다. 양극에 니켈, 음극에 아연을 사용한 것인데, 개발을 추진하고 있는 GM에 의하면 1990년까지는 합계 100만대에 사용할 니켈, 아연합금 배터리가 생산되리라고 하며 1대 몫으로 50~100㎏의 아연이 사용되리라 한다.

세인트 조의 부사장은 "배터리의 신소재로 납과 아연 중 어느 것이 이길 것인지는 알 수 없다. 우리 회사에서는 본사의 연구소와 계열회사에 각각 연구를 담당시켜 경쟁을 시키고 있다"라고 말한다. 계열회사인 에너지 리서치사는 니켈·아연축전지 등 특수 배터리의 메이커이다.

이 회사는 자동차배터리용으로 종전에 사용하던 납·안티몬합금 대신 납·칼슘합금의 압연시트를 개발하여, 배터리액의 보충을 필요로 하지 않는 메인트넌스 프리 배터리(Maintenance free Battery)용 소재로서 유망하다. 일본에서도 미쯔이(三井) 금속광업, 미쯔비시금속, 도오호(東邦) 아연 등이 1980년에 이 회사로부터 특허를 사들여 생산을 시작하였다.

"미국 자동차가 메인트넌스 프리화하는 것은 확실하다. 거기에다 또 납산화물을 연구하고 있다. 지금의 배터리는 배터리에 충전한 에너지의 25%밖에 사용하지 못하고 있다. 이것을 50%까지 높이는 것이 목적이다. 이것이 실현되면 에너지 손실량은 절반으로 줄어든다"라고 세인트·조의 부사장은 말한다.

일본의 납·아연업계에서도 요즈음에 와서야 겨우 배터리 등 전지재료에 대한 관심이 높아졌다. 미쯔이금속광업은 1981년 3월에 전지재료 연구소를 설치하였다. 세인트·조와 같은 신재료 개발에 도전할 방침이다. 아연 불황으로 대량의 인원정리를 하지 않을 수 없게 된 미쯔이금속에게는 납과 아연의 신소재 개발은 기업재건의 열쇠가 될 것이 틀림없다.

일찌기 납과 아연은 구리와 함께 3대 비철금속이었다. 구리는 알루미늄에게 비철금속의 왕자를 빼앗긴 느낌이지만 전선용으로는 아직도 건재하다. 알루미나(산화알루미늄)를 분산시킨 고강도의 구리합금이나, 철과 겹쳐놓은 클래드(clad)재료 등이 개발되고 있으며, 태양열의 집열장치나 배관관계 등에 구리의 이용분야도 확대되고 있다. 그렇지만 납과 아연에는 이렇다하게 내놓을 만한 재료가 적다. 그러므로 이들 제품의 소비는 증가하지 못하고 있는 실정이다. 소재 메이커 자신들이 적극적으로 신소재 혁명을 일으킬 필요가 있다.

형상을 기억하는 합금

-본격적인 수요를 기대

신소재 혁명은 종전의 상식을 뒤엎는 분야에서도 급속히 발전하고 있다. 전혀 금속이라고는 생각할 수 없는 이색적인 '재능'을 가진 합금이 등장하였다. 그 중의 하나가 형상기억합금(形狀記憶合金)이라고 불리는 묘한 금속이다.

"형상기억형 니켈·티탄합금의 샘플을 보내주기 바란다"-1980년 4월 이후 일본의 후루가와 전기공업에는 이와같은 내용의 조회가 100건 이상이나 날아들었다. 이 중에는 국내의 종합전기메이커와 자동차메이커가 포함되어 있으며 심지어 완구제조메이커까지 포함되어 있었다. "도저히 요구량을 충족시킬 수가 없다. 특별히 판매한 기억이 없는데도, 1980년 3월 말에 미국의 개발자가 가지고 있던 특허기한이 끝난 것을 안 후부터 우리 회사에 요구했을 것이다"라고 동사의 개발본부 기획부에서는 말하고 있다.

금속이 형상을 기억한다고 말해도 도무지 직감적으로 이해가 안될 지 모르나, 어떤 종류의 합금을 일정한 모양으로 만든 다음 열처리를 하면 그 형상을 기억한다. 즉 형상기억효과라고 한다. 일정한 온도(변형온도) 이하에서는 힘을 가하면 모양이 변하지만, 변형온도까지 온도를 높이면 순간적으로 처음의 모양으로 복원된다. 예를 들면, 스프링모양으로 감은 다음(기억시킴) 이것을 곧게 펴 놓아도, 그후 변형온도까지 높여주면 본디의 스프링모양으로 되돌아간다. 변형온도는 합금조성이나 열처리로써 조절할 수 있다.

그러므로 변형온도를 높게 설정해 두면 화재발생시나 이상전류가 흐를 때는 꿈틀하고 움직이게 되며, 반대로 변형온도를 실온보다 훨씬 낮은 온도에다 맞춘 형상기억합금제품을, 그 이하의 온도에 두어 변형시킨 다음 조립하면 이 기계는 보통 온도에서는 변형되지 않을 것이다.

이와 같이 형상기억효과를 가지고 있는 합금은 금, 카드뮴, 구리, 아연, 니켈, 알루미늄 등의 금속으로 조합하여 만들 수 있는데 그 종류는 수십 종류에 달한다. 이 중에서도 가장 '기억력'이 좋은 것은 미국

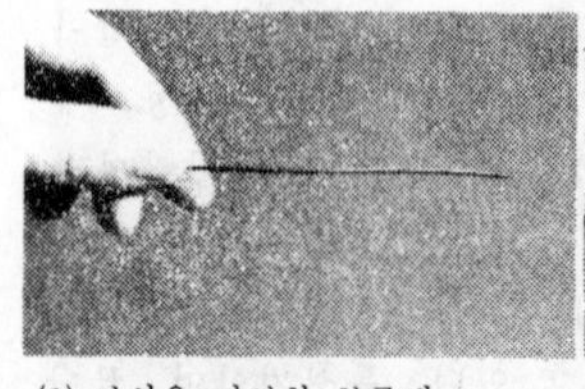

(1) 직선을 기억한 합금에

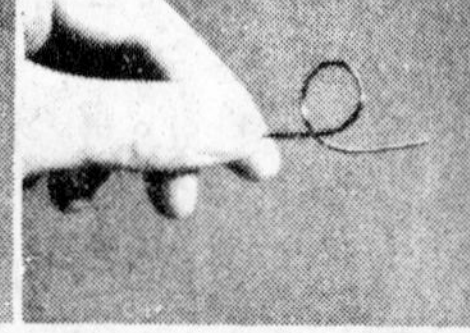

(2) 힘을 가해서 변형하더라도

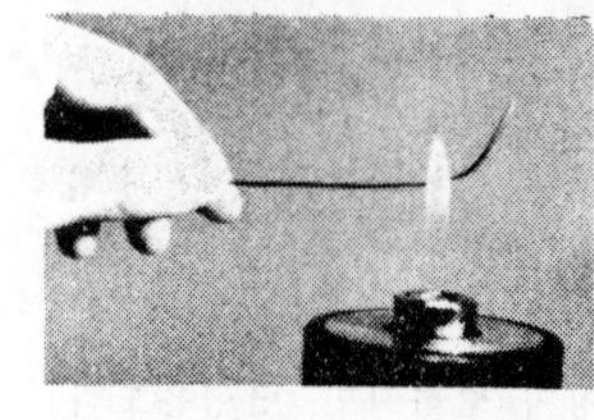

(3) 가열하면

(4) 원상으로 복원된다.

형상기억형 니켈·티탄합금

해군의 연구소에서 개발한 니켈과 티탄의 합금이다. 미국에서는 레이켐사가 이것을 사용해서 F14 전투기의 파이프 이음쇠를 만들고 있다. 니켈·티탄합금제로 만든 이음쇠를 변형온도인 영하 40℃ 이하의 낮은 온도로 냉각하여 파이프의 이음쇠로 씌워놓은 다음 실온으로 가열하면 원형대로 환원되어 단단한 이음쇠의 역할을 하게 된다.

후루가와 전기공업은 니켈과 티탄의 내식·내마모(耐食·耐摩耗) 합금을 개발하였고 현재는 형상기억합금 개발을 위한 연구를 하고 있다. 동사에 의하면 니켈과 티탄의 내식·내마모합금은 형상기억합금과 같은 것이지만, 처음에 개발했을 때는 형상기억효과가 있는지를 알지 못했기 때문에, 특허를 내지 못하여 미국에게 빼앗겼다고 말하고 있다. 그리고 온도를 변화시키지 않고 힘을 제거하면 원상으로 돌아가는 고무와 같은 초탄성(超彈性) 니켈·티탄합금을 개발하여 안경테에 사용하고 있다. 후루가와 전기공업 중앙연구소의 한 주임연구원은 "형상기억형 니켈·티탄합금의 제조 기술에서는 세계 제일"이라고 자부하고 있었다.

응용분야는 아주 넓다. 이음쇠와 같은 기계부품 이외에도 집적회로의 리드선, 온도제어장치, 이(齒)의 교정, 인공심장용 인공근육, 골절부의 압박고정 등이다. 이 중에서 가장 매력적이라고 할 수 있는것은 변형온도에서 순간적으로 원상태로 환원될 때의 힘을 이용한 열엔진이다. 이 니켈·티탄합금으로 열에너지를 기계에너지로 변환하는 장치는 미국 해군의 연구소의 한 연구원이 실용 신안특허를 등록하고 있지만, 그 특허기한이 1982년 3월로 끝났기 때문에, 이것을 이용한 제품의 본격적인 수요가 있을 것이라고 내다보고 있다. 그래서 후루가와 전기공업은 합금제조장치의 설치를 고려하고 있다. 이 회사에서 현재 진행하고 있는 것은 변형온도의 치밀한 관리이다.

니켈·티탄합금인 경우는 구리나 철보다 가벼우면서도 티탄 정도의 내식성이 있기 때문에 생체 안에 집어 넣어도 위험성은 없을 것으로 생각된다. "이와 같은 의료용 이외에 가정 전기기구나 자동차 부품에 사용하게 되면 합금의 대량생산을 할 수 있게 되고, 원가도 대폭 싸지게 될 것이다"라고 후루가와 전기공업측은 말하고 있다.

형상기억합금을 사용한 열엔진은 아직은 사용할 단

계에 와 있지는 않지만, 대학연구실 등에서는 활발히 연구를 하고 있다. 온도차가 있는 두 종류의 액체 사이에 형상기억 합금으로 만든 수차를 놓으면 수차는 온도차에 의하여 돌아가게 된다. 일본의 도오호꾸(東北) 대학에서 만든 모형은 고오베(神戶)의 "포트피아 '81"에도 전시되어 일반의 주목을 끌었다. 일본 공업기술원도 샤프회사 등에 연구비를 보조하여 연구를 촉진하고 있다. 미국의 캘리포니아대학 버클리교(校)의 로렌스·버클리연구소에서는 이 수차에 사용하는 뜨거운 물을 태양열로 끓이는 실험장치도 만들었다.

이와 같은 실정이므로 금속관계 국제학회에서도 최근에는 형상기억합금에 관한 논문발표가 큰 인기를 얻고 있다. 특히 민간기업의 기술자들이 대거 참석하여 앉을 자리가 모자라는 사태까지 일어나고 있다.

니켈·티탄합금과 더불어 유망한 것은 구리를 사용한 형상기억합금이다. 구리의 합금은 종류가 많다. 아연, 알루미늄, 니켈, 금, 주석 등의 합금도 형상기억효과의 성질을 가졌다는 것이 확인되었다. 구리, 아연, 알루미늄의 삼원합금(三元合金)이 비교적 좋은 강도를 가졌고 반복사용에도 견뎌낸다. 매력적인 것은 이 합금이 티탄과 같은 값비싼 금속을 사용하지 않아도 되고, 용해시키기도 쉬우므로 니켈·티탄합금보다 값이 싸질 것으로 예상되는 점이다. 그런데 구리를 사용한 형상기억합금은 '잊어버리기' 쉬운 단점이 있어 이것을 개선하기 위하여 최근에는 합금의 결정을 작게 하여 성능을 좋게 하는 연구가 영국의 델타·메모리·메탈즈(Delta Memory Metals) 사에서 진행되고 있다. 이밖에도 구리의 수요개척과 개발연구를 전문으로 담당하는 연구기관인 국제 구리연구협회(INCRA)에서도 대학 등에 연구를 협조하고 PR활동 등에 적극적으로 참가하고 있다.

수소를 흡수 저장하는 합금

—수소 자동차도 등장

어느 날 아침, 일본의 오오사까(大阪)에 있는 마쯔시다(松下) 전기산업 중앙연구소는 흥분과 긴장에 휩싸여 있었다. 출근한 한 연구원이 티탄·망간합금과 수소를 넣은 용기의 압력이 1기압 이하가 되어 있는 것을 발견하였던 것이다(그 연구원은 용기를 세밀히 조사하였으나 새는 곳을 찾지 못하였다). "어제 퇴근할 때는 압력이 10기압이었는데, 용기에서 새지 않았다면 티탄·망간합금이 수소를 흡수한 것이 틀림없다." 세계에서 처음으로 티탄·망간합금계의 수소를 흡수 저장하는 합금이 발견된 것이다. 1974년말 경의 일이었다.

수소는 미래의 무공해 에너지로 세계의 주목을 받고 있다. 수소를 이용하는데는 저장과 수송기술의 확립이 관건인데, 현재로서는 무거운 고압봄베(Bombe)가 영하 253℃로 수소를 극저온에서 액화하여 수송하는 방법밖에는 없다. 봄베로 수소를 수송하는데는 폭발할 위험성이 따르고, 액화설비도 비용이 많이 들뿐 아니라 액화하는데 소요되는 에너지도 많이 든다. 수소흡장합금(水素吸藏合金)은 결정의 틈새에 많은 양의 수소 원자를 저장하므로, 고압봄베를 사용하지 않고도 액화수소 정도의 저장이 가능할 뿐 아니라 안정성과 경제성이 상당히 좋다. 이 합금을 냉각 또는 가압하면 수소를 흡수하여 금속수소 화합물이 되면서 동시에 발열하게 된다. 반대로 가열 또는 감압하면 다시 금속과 수소가 분해되면서 열을 빼앗는 성질이 있다.

물론 합금이라고 하여 전부가 다 수소를 흡수, 저장하는 것은 아니다. 수소를 흡수하려면 ① 수소 저장용량과 방출량이 크고, ② 고온·고압이 아닌 상태에서 수소를 저장, 방출하는 성질을 지녀야 하고, ③ 염가로 제조할 수 있고, ④ 수소를 저장, 방출하는 조작을 되풀이하여도 성능이 저하되지 않는 등의 성질이 필요하다. 이와 같은 성질을 가진 대표적인 화합물에는 철·티탄계합금, 란탄(Lanthan)·니켈계합금, 마그네슘·니켈계합금 등이 있다.

이들 중에서도 철·티탄계합금이 가장 값이 싸고 반복사용에 견뎌내는 장점을 가졌지만, 처음에 수소가스와 반응할 때의 속도가 느리기 때문에 고온·고압하에서 수소가스와 장시간 접촉하여 활성화시키는 사전처리를 하여야 한다는 결점을 가지고 있다. 란탄·니켈계합금은 상온저압(1.5기압)에서 수소를 방출하고 저장능력도 크지만, 란탄이 비싸다는 것과 자원적으로 풍부하지 않다는 것이 문제이다. 마그네슘·니켈합금은 값이 싸고 수소흡장량도 크지만, 250℃ 이상의 고온에서만 수소를 방출하고, 활성화시키는 사전처리도 힘들다는 결점이 있다.

수소흡장합금은 1960년 후반에, 네덜란드의 필립스

사가 란탄·니켈계의 합금을 개발한 것이 최초이다. 소재개발과 그것을 이용하는 기술은 구미 제국이 훨씬 앞서 있다. 서독의 다이믈러·벤츠사는 철·티탄계의 수소흡장합금을 가솔린탱크 대신에 사용한 수소엔진 자동차를 제작하여 노상 시험을 했다. 가솔린의 부족현상이 일어나면 수소연료를 사용하는 벤츠가 잘 팔리게 될 것이라는 미래 전략에서 시도한 것이다. 여기서도 독자적인 기술개발에 기대하는 서독기업다운 선진성을 엿볼 수 있다.

미국의 아르곤느 국립연구소(Argonne National Laboratory)는 태양열을 이 합금으로 저장하여 냉·난방에 사용할 수 있는 시스팀장치를 시험제작하였다. 금속 수소화합물을 넣은 용기를 태양열로 가열하면 금속 속의 수소가 방출된다. 이때 흡열반응이 일어나며 이것을 냉방에 이용할 수 있다. 반대로 태양열이 없어지면 용기가 식고 방출된 수소를 다시 금속 속으로 흡수, 저장하게 된다. 이 흡장반응시에 발열이 수반되기 때문에 난방에 사용할 수 있게 된다. 태양열 대신 원자력 발전소나 공장 폐열의 에너지도 저장할 수 있다.

이밖에 핵융합에 사용하는 중수소를 수소흡장합금으로 분리하는 방법도 고안되었다. 이것은 중수소와 수소가 이 합금에 흡장되고, 방출되는 성질이 압력차에 의존한다는 점을 이용한 분리법인데 이는 코스트의 저렴화를 가져와 경제성이 있다는 뜻이 된다. 우리 주변에서는 발열반응을 이용하여 도로에 쌓인 눈을 녹이려는 계획도 하고 있다.

일본의 연구개발도 최근에 급속히 진전되고 있다. 독자적으로 티탄·망간계합금을 발견한 마쯔시다 전기는 그후 1,000여 종의 합금을 시험제작한 결과 이 합금 외에도 지르코늄(Zirconium) 등을 함유하는 다섯가지 원소의 고성능 합금을 만들어내어 겨우 세계의 정상에 오르게 되었다. 일본 정부 산하의 연구기관도 활발히 연구를 하고 있는데 그 중에는 금속재료 연구소, 오오사까 공업기술 연구소, 화학공업 연구소 등을 들 수 있다.

이들을 뒤따라 니혼 중화학공업이 니혼 진공기술과 공동으로 철·티탄계합금을 개발하였다. 이때까지 철·티탄계합금은 값이 싸고 성능도 우수하지만 400℃, 65기압이라는 고온·고압의 수소가스 속에 장시간 접촉시키지 않으면 작용하지 않는다는 결점이 있었다. 니혼 중화학공업에서 개발한 새 합금은 상온에서 35기압으로 작용한다. 이와 같은 성능을 가진 것은 세계에서 처음이라고 한다. 니혼 중화학공업은 합금철메이커로서 원료의 조달에서부터 전기로의 정련에 이르기까지 합금제조를 장기로 삼고 있다. 그러므로 뛰어난 기술을 살려 단기간에, 그것도 늦게 시작하여 고성능 합금을 개발하였다.

다만 일본에서 최고 수준의 흡장능력을 가진 마쯔시다전기가 개발한 고성능합금도, 1g당 수소흡장량은 220cc 정도밖에 안되므로 종전의 고압 수소봄베에 비교하면 용기의 크기가 절반으로 줄어 들지만, 무게는 30% 정도밖에 가벼워지지 않는다. 이 정도로는 수소연료를 자동차에 사용하기에는 연료통의 무게가 너무 무겁다는 결과가 된다. 자동차연료로 사용하려면 g당 300cc에서 400cc 정도의 흡장능력을 가져야 한다. 티탄·망간계합금으로는 도저히 이 정도의 능력을 가진 것을 만들 수 없으므로, 새로운 합금 개발에 열을 쏟고 있다.

미국의 브룩헤븐 국립 연구소(Brookhaven National Laboratory)에서 개발한 합금은 1g 당 417cc의 수소가스의 흡장능력을 가지고 있다. 이 정도면 수소자동차에 충분히 사용할 수 있으나, 이 합금은 마그네슘, 니켈계이므로 250℃ 이상의 고온이 아니면 수소를 방출하지 않는다는 결점이 있다. 따라서 성능이 좋고 값싼 수소흡장합금을 누가 먼저 개발하느냐는 것이 합금메이커들의 당면한 전쟁이라고 할 수 있을 것이다.

꿈의 합금 '아모르퍼스'
-강하고 단단하고 부식하지 않는 것

두께가 30마이크론(1,000분의 30㎜)으로, 종이처럼 얇고 스테인레스와 같은 광택을 가진 아모르퍼스(amorphous:非結晶質)합금은, 피아노선과 같은 강도와 스테인레스를 훨씬 능가하는 내식성을 겸비하는 등 종전의 금속에서는 볼 수 없었던 뛰어난 성질이 있다. 그러나 아모르퍼스합금을 가스버너의 불길에 대면 금방 검게 변색하여 손가락 사이에서 부석부석 부서져 버린다. 이와 같은 성질을 보고 "아모르퍼스는 신의 섭리에 거역한 금속이기 때문이다"라고 말하는 사람들도 있다.

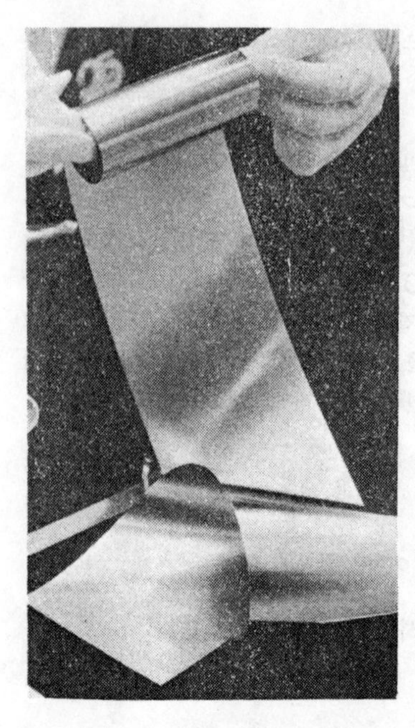

종이처럼 얇지만, 피아노선과 같은 강도를 지녔으며 자기 특성이 우수한 아모르퍼스

금속은 상온에서는 결정을 만드는데 아모르퍼스는 유리와 마찬가지로 결정을 갖지 않는 비결정질로 되어 있다. 인공적으로 만들어진 이 특이한 성질을 가진 금속은 고열에 닿으면 비결정성이 없어지면서 아모르퍼스의 특이한 성질을 잃게 된다. 마치 스티븐슨의 소설에 나오는 지킬박사와 하이드씨와 같은 금속이다.

아모르퍼스합금은 고온상태의 합금을 1초간에 10만~100만℃라는 고냉각 속도로 급냉하여 만들어낸다. 금속으로 결정화할 시간적인 여유를 주지 않고 강제로 용액상태를 동결하는 것이다. 10년쯤 전에 테이프

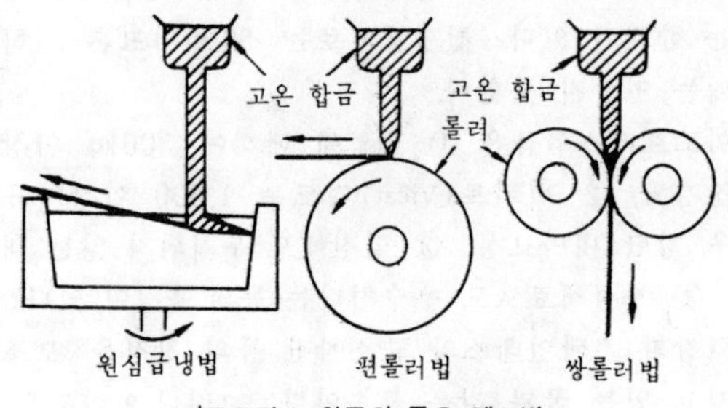

아모르퍼스 합금의 주요 제조법

모양의 아모르퍼스합금이 원심급 냉법(遠心急冷法) 이라는 방법으로 제조되면서 금속계의 관심이 갑자기 높아졌다. 미국의 얼라이드 케미컬(Allied Chemical Co.)사와 일본의 도오호꾸대학의 마스모도(增本) 교수들이 이 분야에 있어서의 선구자다.

그 후에 냉각시킨 두 개의 롤러 사이에 합금을 통해서 테이프모양의 아모르퍼스합금을 만드는 쌍(雙)롤러법과, 한 개의 롤러 위에 합금을 흘려서 테이프를 만드는 편(片)롤러법 등이 개발되었다. 편롤러법은 폭이 넓은 재료에, 쌍롤러법은 양면이 깨끗한 재료에 적합하다. 롤러의 회전속도는 일본이 자랑하는 초고속열차'신깐선'(新幹線) 정도(시속 210km)로, 순식 간에 수백 미터의 테이프모양의 합금을 제조할 수 있다.

급격히 냉각하면 어떤 금속이나 다 아모르퍼스가 되는 것은 아니다. 단일 금속보다는 합금이 아모르퍼스가 되기 쉽다. 철—인, 철—붕소 등의 금속과 준금속계와의 합금, 구리—지르코늄, 철—지르코늄, 티탄—니켈 등의 금속들의 합금 등이 아모르퍼스 재료로 된다고 보고되어 있다. 급냉공정을 거쳐야 하므로 두께에는 한계가 있다. 철합금계로는 50마이크론 이하의 두께는 만들지 못한다.

아모르퍼스합금은 ① 1㎟에 대하여 300㎏ 이상의 인장강도, ② 비카트(Vicat)경도는 1,000 이상이라는 매우 강한 내마모성, ③ 염산에도 부식되지 않는 내식성, ④ 자성재료로도 우수하다는 등의 특성이 있다. 고장력강과 스테인레스와 규소강판 등의 장점을 모조리 가지고 있는 꿈과 같은 금속이다. 그러나 이와같은 장점 이외에도 가공성이 나쁘고, 용접을 할 수 없으며, 두께에도 한계가 있고, 400℃ 이상의 고온이어야 결정화하는 등의 결점이 있다.

아모르퍼스합금의 개발과 실용화 연구는 미국의 얼라이드 케미컬사와 제너럴 일렉트릭의 벨 연구소 등이 앞서왔다.

이 중에서도 얼라이드사는 아모르퍼스합금을 시판하고 있으며, 일본의 도오쿄 전기화학공업을 판매창구로 하여 일본으로도 수출하고 있다. 1981년 봄의 판매가격은 1㎏당 일화 5만엔, 1980년과 비교하면 40% 정도가 싸진 셈이다. 1983년에는 규소강판과 값(일화 약 300엔)을 같게 할 계획이라 한다.

일본의 소니에서도 1980년 4월에 아모르퍼스합금을 사용한 레코드플레이어용 카트리지(cartidge)를 판매하기 시작하였다. 일반 소비자를 위한 아모르퍼스합금 제품이 생산된 것은 이것이 세계 최초이었다. 뛰어난 자기특성(磁氣特性)을 살려 레코드바늘의 진동을 전기로 변환시키는 자기회로에 응용하였다. 한 개의 값이 일화로 4만 5천엔이나 하는 비싼 것이지만, 음질에 민감한 오디오팬에게는 인기여서 월산 1,000개에 가까운 소니 사운드 데크(Sony Sound Deck)를 생산하고 있다.

소니가 카트리지를 개발한 것은 동사의 중앙연구소인데, 여기서 트리플 롤(triple roll)법이라고 부르는 방법으로 아모르퍼스합금을 제조하였다. 이 제조법은 쌍롤러법과 같은 두 개의 급냉롤러 밑에 가속롤러를 설치하여 회전함으로써, 테이프의 양면이 깨끗한 아모르퍼스 테이프를 만든다. 두께는 겨우 40 마이크론에 지나지 않는데, 이것을 20매를 겹쳐서 카트리지 자기코어(magnetic core)를 만들었다. 딱딱한 아모르퍼스인 만큼 프레스가공을 하기가 힘들다.

소니를 뒤쫓아 도오쿄 전기화학공업이 아모르퍼스합금을 사용하여 자기헤드(magnetic head)의 실용화에 세계에서 처음으로 성공하였다. 자기특성과 내마모성의 뛰어난 양면을 응용하여 제조된 것으로 현재 유행되고 있는 카세트데크용 메탈(metal) 테이프이다.

일본에서는 합금 자체의 개발에서도 신기술 개발사업단의 위탁연구를 맡아온 히다찌 금속이 100㎜ 폭의 제조기술을 확립하였고 아모르퍼스합금을 개발하고 있는 기업도 두자리 숫자에 달한다. 현재 일본은 미국과 어깨를 나란히 하는 아모르퍼스공업의 선진국 대열에 있으며 제조기술과 실용화에서는 이미 미국을 앞서고 있다. 이 때문에 미국의 얼라이드사는 1981년 6월, 일본의 미쯔이 석유화학공업, 도오쿄 시바우라(東京芝浦) 전기, 미쯔이 조선, 니혼 제강소 등 미쯔이그룹 4개사와 합자로 일본에다 회사를 설립하여 아모르퍼스합금의 기업화에 나섰다.

세계 최대의 철강메이커인 일본의 신니혼제철도 아모르퍼스 개발에 본격적으로 나서기로 결정하였다. 카트리지나 자기헤드에 사용하는 아모르퍼스합금의 양은 불과 수 g에 지나지 않으며 전체 수요량은 수 톤에 지나지 않는다. 신니혼제철의 목표는 대량으로 사용되는 트랜스포머의 철심재료용 아모르퍼스합금의 개발에 있다.

아모르퍼스합금은 현재 트랜스포머(transformer)에 사용되고 있는 방향성 규소강판의 최고급품과 비교할 때, 철손(鐵損)이 약 5분의 1밖에 안된다. 규소 강판의 발명으로부터 현재까지 80년간에 걸친 철손저감소 노력의 성과와도 같은 숫자이다. 철손이 적으면 전력이 절약되고 에너지절약에 효과가 있으므로 트랜스포머에 아모르퍼스를 사용하는 것은 매우 효과적이다.

다만 아모르퍼스합금은 규소강판과 비교하면 자속밀도가 작기 때문에 그만큼 철심을 크게 해야 하므로 20㎝ 너비 정도의 폭넓은 재료가 필요하다. 실용화는 빨라도 1980년대 중반이 될 것이다. 현재는 겨우 시작단계이므로 앞으로 개량과 이용기술의 개발이 본격화될 미래의 꿈을 안은 미지의 금속이다.

II

고기능에 도전하는 첨단 화학기술

엔지니어링 플라스틱의 최전선(I)

금속의 아성에 육박

미국 델라웨어주 윌밍턴의 뒤퐁(Du Pont) 본사에서 자동차로 약 15분 거리에 있는 체스나트란지구. 공원과 같은 한적한 지역에 벽돌색 건물이 점점이 산재해 있다. 뒤퐁의 응용개발과 기술서비스의 본거지이다. 그 중의 하나인 수지제품 사업본부의 기술서비스 연구소를 방문하였다.

"이것은 새로운 수지펠리트(pellet)입니다. 폴리에틸렌과 다른 수지를 혼합하여 새로운 기능을 가진 수지를 만들 계획입니다. 또 이쪽은 자동차의 라디에이터 탱크인데 유리섬유를 함유한 폴리아미드(나일론)수지입니다. 1984년 이내에는 미국에서, 1986년 이내에는 온 세계에서 보급될 것입니다. 이것은 포드차의 금속으로 된 에어컨부품을 대체한 미네랄 강화 폴리아미드입니다"라고 안내역을 맡은 뒤퐁의 연구부장은 설명을 한다.

이곳에서만 650명(기술자 350명)이 연간 2,800만달러의 예산을 사용하며, 수요자와 제휴하는 형식으로 응용개발과 기술서비스에 전력을 기울이고 있다.

폴리아세탈, 폴리아미드, 고강도 폴리에스테르,폴리이미드 성형품 등 수많은 엔지니어링 플라스틱(약칭엔플라)을 연달아 내보내는 뒤퐁. 엔지니어링 플라스틱의 연간 매상고는 전체 플라스틱의 5분의 1을 차지하

엔지니어링 플라스틱을 비롯하여 96가지의 화학소
재를 사용하여 만들었다는 뒤퐁의 전시용 자동차

며 이미 연간 5억달러를 돌파하고 있다. 주요시장은 자동차, 사무기기, 가전제품 등이다. 엔지니어링 플라스틱 재료사업부의 판매부장은 "엔지니어링 플라스틱은 앞으로 5년간, 해마다 10%에서 12%의 율로 성장을 계속할 것이다. 특히 유리섬유나 미네랄로 강화한 엔지니어링 플라스틱은 크게 신장할 것이다"라고 말한다.

뒤퐁의 최대 라이벌은 G.E.(제너럴 일렉트릭)이다. 수지사업본부는 매사추세츠주의 내륙 피츠필드에 있다. G.E.는 미국에서는 물론 전세계에서도 뒤퐁의 약 2배의 생산규모를 가진 엔지니어링 플라스틱의 최대 메이커다. 뒤퐁은 제2위이다. 5대 주요 엔지니어링 플라스틱 중에서 폴리카보네이트, 폴리부틸렌 텔레프탈레이트(PBT), 변성 폴리페닐렌옥시드(PPO) 등의 3품종을 생산하고 있다.

“이 회사의 엔지니어링 플라스틱의 응용개발은 거의가 금속을 대체하는 것이 목표이다”라고 기술부장인 J.D.워드박사는 말하면서 구체적인 예로서 자동차부품을 든다. 특수 폴리카보네이트로 만든 범퍼, 변성 PPO로는 휠 캡, 탄소섬유 강화플라스틱으로는 리프스프링(leaf spring) 등등. “금속이라면 여러개의 부품이 필요할 것을 플라스틱으로는 하나로 성형할 수 있다. 금속과 같은 2차가공도 필요치 않다. 경량화로 원가절감도 된다”라고 워드박사는 말한다. 앞으로의 엔지니어링 플라스틱 수요에 대해서도 “미국시장의 규모는 1980년의 4억 4394만 kg에서 1990년에는 12억 4575만 kg으로 증가할 것이다”라고 자신있게 말한다.

미국의 자동차업계는 연료 소비효율의 향상을 위해 필사적으로 경량화 소재를 찾고 있다. 뒤퐁, GE의 양대 메이커가 개발의 역점을 자동차부품에 두고 있는 모습은 자동차라고 하는 초대형 시장이 화학업계에도 큰 매력으로 떠오르고 있기 때문이다. 지금까지는 주로 금속 이외의 소재만을 대체하던 합성수지가 화학의 첨단기술을 구사하여 자동차부품과 같은 금속의 아성에 도전하기 시작한 것이다.

한편 유럽에서는——. 서독 루드비히샤펜(Ludwig-shafen)에 있는 거대한 화학회사인 BASF 본사의 특수수지 응용기술부의 A.웨버 공학박사는 다음과 같이 말한다. “이제 막 개발한 것은 특수한 충진제를 배합한 폴리프로필렌인 HMPP인데, 이것은 자동차의 기어박스나 내장재료 등 자동차가 주력시장이 될 것이다. 또 폴리아미드, 폴리스티렌, 폴리프로필렌 등 열가소성 수지를 유리섬유로 강화한 GMT라고 불리는 복합 수지도 자동차 구조재료 등으로 매우 유망하다. 예를 들면 자동차 후부의 트렁크 바닥이라든가, 냉각용 탱크, 엔진의 밑바닥에 설치하는 방음벽 등에도 사용하게 될 것이다. 폴크스바겐이나 벤츠는 금속재료를 절약하기 위하여 적당한 플라스틱을 찾고 있다."

BASF는 엔지니어링 플라스틱의 개발과 함께 범용 수지(汎用樹脂)의 특수화에 주력하고 있다. 경기침체로 말미암아 세계적으로 과잉설비에 골치를 앓고 있다. 플라스틱공업에도 예외는 아니다. 범용수지의 활로는 독자적인 기술로 고기능화 하거나, 고부가가치화 하는데서 해결할 수 있을 것이다. 웨버박사는 중·장기 연구개발 과제에 대해서 다음과 같이 말하고 있다. "화학적인 변성방법으로 범용수지의 기계적 강도와 내열성을 향상시키는데 주력하여야 한다."

폴리에틸렌을 개발한 역사를 가졌고 엔지니어링 플라스틱에서도 폴리에테르술폰(poly ether sulfon) 수지를 개발한 영국의 ICI는 과연 어떻게 하고 있을까? 런던에서 전차로 약 30분 거리에 있는, 웰윈 가든 시티(Welwyn Garden City)의 ICI 수지사업본부를 방문하였다. "폴리에테르술폰에 이어 우리 회사는 폴리에테르케톤(PEEK) 수지라는 독자적인 제품을 개발하였다" 라고 개발부의 PEEK 담당책임자는 말하며, 자기회사를 방문하게 된 것을 다행이라는 투로 말문을 열었다.

PEEK는 방향족계의 열가소성 수지이며 녹는 점이 334℃로 아주 높다. 200℃를 넘는 고온 아래서 연속사용에 견딜 수 있는 초엔지니어링 플라스틱적인 존재다. 절단이 힘들고, 절연성, 화재 때의 난연성 등이

수 지	주요 특징	주요 용도
폴리 아미드	표면경도, 저온특성, 인장과 굽힘 강도, 내알칼리성.	라디오부품 등의 전기부품, 코넥터, 라디에이터 탱크 등의 자동차부품, 배드민튼의 깃털, 도어바퀴, 기타.
폴리아세탈	내열성, 인장과 굽힘 강도, 내피로성, 마찰특성.	와이퍼 모터의 기어, 도어핸들 등의 자동차부품, VTR · 에어콘부품 등의 전기부품, 커튼런너, 기타.
폴리 카보네이트	내열성, 저온 특성, 굽힘·충격강도, 내피로성, 투명성.	조명기구, 신호기커버 등의 전기부품. 카메라 뒷뚜껑 등 기계부품, 태양열 온수기의 집열기커버, 헬멧, 기타
변성 폴리 페닐렌 옥시드	굽힘, 충격강도, 내열성, 칫수안정성, 전기특성, 가벼움.	미니컴퓨터, 금전등록기등의 외장, 자동차의 코넥터, 휠캡, 우물용 펌프, 기타.
폴리 부틸렌 텔레프 탈레이트	저흡수율, 내열성, 내약품성, 칫수안정성, 굽힘 강도.	플러그, 소키트 등의 전기부품, 자동차의 스위치류, 밸브류, 카메라부품, 시계부품, 사무기기부품, 기타.

5대 주요 엔지니어링 플라스틱의 특징과 용도

좋고, 연기와 유독가스의 발생이 적다는 것 등이 특징이다. 1980년에 판매를 시작하였는데 용도개발과 시장확보에 전력을 다하고 있다.

"우선 전선이나 케이블의 절연피복용으로 겨냥하고 있다. 고온에 견디는 특성이 있는데다 잘 끊어지지 않기 때문에 다른 수지보다 얇게 피복할 수 있다는 이점이 무기가 된다. 컴퓨터의 배선, 선박케이블, 자동차의 마그네트와이어 등등……. 또 복합재료로서도 탄소섬유 강화용 PEEK가 롤스로이스의 제트엔진 부품에 채용되었고, 현재는 유리섬유 강화용 PEEK로 항공기의 외장부품이나 자동차의 피스톤부품, 밸브 등의 개발을 추진 중에 있다"고 그 용도의 다양함을 강조한다. 구미의 플라스틱 대메이커는 그들의 독자적인 기술과 독자적인 제품을 무기로 하여 엔지니어링플라스틱의 개발과 시장개척에 격렬한 아귀다툼을 벌이고 있다. 자동차를 비롯한 가전제품, 항공기 등의 시장의 요구에 부응할 신소재의 개발은 그것 자체가 예상을 초월하는 새로운 시장을 낳아간다.

보급의 거의 한계에 다다른 범용수지에 비하여 엔지니어링 플라스틱은 "시장을 어디까지 개척할 수 있을지 예상할 수 없다"는 ICI 수지사업본부의 폴리에테르술폰 담당자의 말에 매력이 있다. 양적으로는 아직도 범용수지의 몇 퍼센트라는 시장규모에 지나지 않지만, 제품의 고부가가치화를 노리는 수지메이커에게는 엔지니어링 플라스틱은 무시할 수도 없고, 피해 갈 수도 없는 사업분야가 되고 있다.

1960년, 뒤퐁이 '철에 대한 도전'을 표방하여 '엔지니어링 플라스틱'으로서의 폴리아세탈을 상품화한지 20여년간, 이 동안 차분하게 소재개발과 시장 개척을 쌓아올려 온 엔지니어링 플라스틱은 금속을 사정권 내에 포착하는 산업소재로서 바야흐로 80년대에 개화기를 맞이하려 하고 있다.

엔지니어링 플라스틱의 최전선 (II)

―용도개발에의 각축전

일본의 요꼬하마(横浜)시 교외에 있는 미쯔비시 화성(化成)공업 종합연구소는 일본 최대의 화학연구소이다. 대학의 캠퍼스를 연상케 하는 22만m^2의 대지에는 생화학, 기술, 고분자 등 여섯개의 연구소가 있고, 800명 정도의 연구원이 연간 일화 80억엔의 연구개발비로 신기술 개발에 도전하고 있다.

엔지니어링 플라스틱 개발을 담당하는 고분자연구소의 소장은 "내열성이나 강도가 특히 뛰어난 특수 엔지니어링 플라스틱 개발이 당면 주요 연구과제"라고 말하며 "화학제품이 양산화되면 될수록 값비싼 수입원료를 사용해야 하는 일본제품은 국제 경쟁력을 잃게 된다. 때문에 기술 집약적인 특수 엔지니어링 플라스틱 개발의 필요성이 날로 높아지고 있다. 따라서 새로운 기능을 가진 새로운 수지의 개발, 성형하기 쉽도록 수지의 품질을 개량하고, 탄소섬유나 유리섬유를 혼합하여 강도를 높이고, 전도성을 부여한다. 즉 항공기에 사용할 수 있을만한 수지의 개발이 목표이다"라고 덧붙인다.

일본의 주요 엔지니어링 플라스틱 메이커는 약 20개사에 달한다. 시장규모는 약 5억달러로 최근 수년간은 연 15% 전후의 신장률을 나타내고 있다. 각 사가 기초연구와 응용연구를 병행하고 있으며 새로운 엔지니어링 플라스틱의 개발, 기존 엔지니어링 플라스틱의 용도개발에 주력하고 있는 것이 특징적이다.

그런데 엔지니어링 플라스틱은 일반적으로 고기능 수지라고 번역되는데 구체적으로는 어떤 플라스틱을 가리키는 것일까? 일본의 엔지니어링 플라스틱 시장의 지도적 회사의 한 사장은 "구조재료나 기능부품 분야에서 주된 용도를 발견해 나갈 수 있는 플라스틱이 엔지니어링 플라스틱이다"라고 정의하고 있다. 즉 상당한 장시간에 걸쳐 공업재료로서의 가혹한 조건하에 두어지더라도 초기의 물성(物性)이 대폭적으로 변화하지 않아야 한다.

예를 들면 자동차의 라디에이터탱크 등에 사용되는 폴리아미드(나일론), 각종 기어나 풀리(pulley)용 폴리아세탈, 투명성이 우수한 폴리카보네이트, 컴퓨터의 하우징(바깥 커버) 용으로 수요가 급증 중에 있는 변성 폴리페닐렌옥시드, 각종 전기기구에 사용되는 폴리부틸렌텔레프탈레이트 등이 대표적인 엔지니어링 플라스틱이라고 할 수 있다. 가격은 싼 것이라고 하더라도 1kg당 3달러 정도이고 그 중에는 초내열성인 폴리아미드계 수지처럼 50달러를 넘는 것도 있다. 염화비닐수지, 폴리에틸렌 등 범용 플라스틱이 고작 1kg당 1달러정도에 지나지 않는 것에 비하면 무척 비싼 편이다. 그러나 특수한 물성 등으로 볼 때 이 엔지니어링 플라스틱은 기술혁신에 있어서 없어서는 안될 존재가 되었다.

우선 부품수가 컬러텔리비전의 3배인 2,000점 이상이나 되는 가정용 VTR(Video Tape Recorder)을 보자. 히다찌가 1981년에 개발한 휴대용 VTR(마스탁

엔지니어링 플라스틱으로 만든 샤시를 채용한 무게가 5kg 이하로 된 히다찌제의 포터블 비디오 '마스탁스 VT6500

스 VT-6 500)은 전지를 포함해도 무게가 4.9kg 으로 세계에서 처음으로 5kg 이하로 경량화 되었다. 같은 제품의 무게가 1979년에는 10kg 정도였다. 경량화의 촛점은 헤드나 모터 등을 지탱하는 새시의 소재를 종전의 알루미늄 다이캐스트 금속으로부터 유리섬유 강화 아크릴로니트릴·스틸렌 공중합(共重合) 수지로 대체한데 있었다.

VTR은 외장에 내열성 ABS(아크릴로니트릴·부타디엔·스틸렌 공중합체)수지나 투명성이 우수한 메타크릴수지로 하고, 내부도 회전부분에는 폴리아세탈을, 기타 부품에는 변성 폴리페닐렌옥시드 등 여러가지 엔지니어링 플라스틱을 적재적소에 사용하여 최대한으로 경량화를 시도하고 있다.'엔지니어링 플라스틱의 보고'(寶庫)라고 불리는 까닭이 여기에 있다.

외부에서 보이는 곳의 재료는 거의가 엔지니어링 플라스틱을 사용하여 경량화를 시도한 올림퍼스 XA 카메라

카메라도 "1975년 경부터 경량화를 목적으로 엔지니어링 플라스틱을 적극적으로 사용하게 되었다"고 일본의 올림퍼스 광학공업 카메라사업부 개발그룹 책임자는 말한다. 동사의 '올림퍼스 XA'는 윗뚜껑도 바닥도 레버도 외부에서 보이는 곳은 모두 플라스틱으로 되어있다.

카시오 계산기는 디지탈 손목시계의 케이스나 밴드에 표면이 강한 폴리아세탈 등을 사용함으로써 아날로그 시계보다 70~80% 정도 가벼운 20g정도의 시계를 상품화 하였다.

화학플랜트로 가득찬 일본의 아사히(旭)화성공업 가와사끼공장의 특수수지 연구실실장은 "여기는 좀 별나다"고 말하고 있다. 개발된 엔지니어링 플라스틱을 최종제품에다 어떻게 사용하느냐는 연구에 촛점을 두고 있다는 것이 그가 말하는 '별난 점'인 것 같다.

말하자면 '엔지니어링 플라스틱의 판매를 위한 연구소'인 것이다. 엔지니어링 플라스틱의 성질에 관한 기술자료를 만들어 사용자에게 제공한다. 아주 우수한 물성의 제품을 만들 수 있도록 성형방법을 지도한다. 때에 따라서는 성형장치 자체를 엔지니어링 플라스틱용으로 개선하거나 새로운 성형기술을 개발하기도 한다.

일본의 엔지니어링 플라스틱 시장은 미국의 뒤퐁사가 개척했고, 그 뒤를 이어 미국 셀라니즈사 계열의 폴리플라스틱사와 미국 GE사 계열의 엔지니어링 플라스틱 등 외국 자본계의 기업이 리드해 왔다. 그러나 최근은 일본의 화학 및 합섬메이커들의 추적이 치열하다.

미쯔비시가스(三菱瓦斯) 화학은 연간 10% 이상의 매출성장을 내다보고 1981년에는 폴리아세탈 생산도 시작한 바 있다. 1982년 가을에는 폴리페닐렌에테르의 생산을 시작했다. 이밖에도 플랜트 증설을 검토하고 있는 기업도 많다. 물론 문제는 있다. 엔지니어링 플라스틱의 부사장은 "시장이 유망하리라는 전망이 서면 여러 메이커가 참가하여 심한 판매경쟁을 하게 되므로 차분히 용도개발을 할 여유가 없다"고 불만을 털어 놓는다. 일본에는 미국처럼 새로운 엔지니어링 플라스틱을 개발할 소지가 될 수 있는 거대한 군수산업이나 항공기산업 등이 없다는 불리한 점을 지적하는 사람들도 많다.

그러나 엔지니어링 플라스틱의 용도개발이 계속 진전되리라는 것을 부정할 사람은 없다. 일본의 도오레이(東洋레이온)의 플라스틱제품 기획개발부장은 "유능한 인재와 연구비를 엔지니어링 플라스틱 분야의 육성에 투입하겠다"고 말하고 있다. 불리한 환경을 극복하고 '엔지니어링 플라스틱의 선진국'을 지향하는 화학메이커의 움직임은 매우 활발하다.

플라스틱 자동차에의 꿈

—부품에서부터 차체까지

"자동차 엔진의 90%를 플라스틱으로 만든 회사가 미국에 있다."— 이런 이야기를 듣고 미국 뉴저지주 램지를 방문했다.

'폴리모터 리서치'. 자동차 회사의 기술자 출신인 M. 홀츠버그가 월급장이 신세를 벗어나려고 1974년에 설립한 벤처비지니스(venture business)의 회사이다. 홀츠버그사장이 취재에 응해 주었다.

— 새로 개발한 4기통 엔진의 소재에 대한 설명을 부탁한다.

"거의가 강화 플라스틱으로 되어 있다. 강화재료는 유리섬유와 탄소섬유가 반반씩이고 사용한 수지는 폴리아미드(나일론), 에폭시, 페놀, 폴리아미드 등이다. 다만 피스톤과 흡입밸브 등에는 세라믹으로 도장하고 있다."

—특징은?

"이것은 나의 아기"라고 말하면서 자기가 개발한 플라스틱엔진에 손을 올려놓는 미국 폴리모터 리서치의 사장

"무게는 금속제의 절반밖에 안된다. 약 90kg 정도가 가벼워졌다. 45kg의 경량화로 연료 3.8ℓ당 주행거리가 1.6km 정도가 늘어난다고 하므로 이 엔진으로는 3.2km 이상이 증가하게 되며, 소음도 아주 적은 것이 특징이다."

—어떻게 사업화하여 나갈 작정인가?

"엔진을 판매해서 평가를 받은 뒤 기술을 계약할 예정이다. 이미 세계 여러 곳의 엔진메이커로부터 100대 이상의 주문을 받고 있다. 일본으로부터도 자동차, 동력톱, 화학 등 12개회사로부터 방문을 받았다. 현재 서독의 기업과 라이센스계약을 교섭 중이다. 엔진 판매가격은 28,000달러인데 양산화되면 1,500달러 정도로 싸질 수 있을 것이다."

이 엔진이 과연 장래에 실용화될 수 있을지는 아직 잘 모른다. 그러나 '플라스틱 자동차'의 가능성을 시사하는 좋은 예라고 할 수 있다.

그러면 차체의 플라스틱화는 어떤가? GM은 '콜베트'의 펜더 패널(fender panel)에 유리섬유 강화수지를 채용하고 있다. 서독의 다이믈러·벤츠도 'C 111'이라는 시작(試作) 스포츠카의 차체에 유리섬유 강화수지를 사용하고 있다. 강판을 수지로 대체하는 시대가 올 것인가?

세계의 대 플라스틱메이커는 "다음에 올 부품 수지화는 차체가 될 것이다"라고 보고 "어느 메이커도 다 차체용을 노리고 있다"고 하는 것은 서독의 BASF 특수수지 응용기술부의 A·웨버 공학박사의 말이다. 미국의 뒤퐁에서는 "실제로 일부 차체에 사용되고 있는 미네랄 강화 폴리아미드수지 이외에도 혁명적인 접근을 시도하고 있다. 도어패널의 시험제작은 이미 2년이상이나 계속되고 있다"라고 W·E·에버링·엔지니어링 플라스틱 재료사업부 판매부장이 말했다.

차체의 수지화는 "먼저 펜더, 트렁크의 두껑 등 강도를 필요로 하지 않는 부분이 앞서게 될 것이다"라고 위의 BASF의 웨버씨는 전망한다. 일본의 도요다 자동차공업의 제5기술부장도 이 점에 대해서는 "문제는 코스트"라고 말하면서 "기술적인 문제는 이미 해결되었다"고 보고 있다. 가장 문제가 되는 것은 도어패널이다.

플라스틱은 성형방법이나 도장방법 등이 강판과는 틀리므로, 기존 자동차의 생산라인과는 잘 맞지 않는다는 공정상의 문제점이 있다. 또 일본의 승용차는

'새장' 방식의 미국과는 달라서 일체화된 모노코크(monocoque) 구조를 채용하고 있다. 도어 등 일부에 금속과는 이질적인 플라스틱을 사용하는 것은 기술적으로도 어렵고, 도장을 마무리한 뒤에도 얼룩진 것 같은 느낌이 들어 상품가치가 떨어져 소비자에게 환영을 받지 못할 것이라는 견해가 지배적이다.

도어에 이르기까지 자동차의 플라스틱화가 먼저 실시될 수 있는 나라는 역시 미국일 것이다. 미국은 1985년까지는 연료 소비효율을 '1리터당 11.6킬로미터'란 정부의 규제를 달성하기 위해 필사적인 경량화를 추진하고 있다.

포드사의 재료과학연구소 연구부장은 "1990년까지는 복합수지에 의한 구조재료의 응용개발이 진행될 것"이라는 견해를 피력하고 도어패널에 대해서도 "차체의 전체적인 설계를 고려해서 실시해야 할 것"이라는 신중론을 펴면서도 사용 가능성을 부정하지는 않고 있다.

주목해야 할 것은 GM 폰티악(Pontiac)사업부가 1983년에 내놓을 예정인 'P카'이다. GM은 공식적인 발표는 하고 있지 않지만 2인승, 4기통, 2,500cc의 차체에 강화플라스틱을 사용할 것이라고 한다. 시장의 평가에 따라서는 앞으로 미국의 '플라스틱자동차'의 개발을 가속화 할 것이다.

차체가 플라스틱화할지 어떨지는 젖혀두고라도 미국에서의 수지사용량은 계속하여 착실히 증가할 전망이다. 포드는 1980년에 승용차 1대당 평균 6~7%, 약 90kg을 사용하고 있다. "이미 성형이나 가공공정에서 원가를 절감할 수 있는 플라스틱 연구는 거의 끝

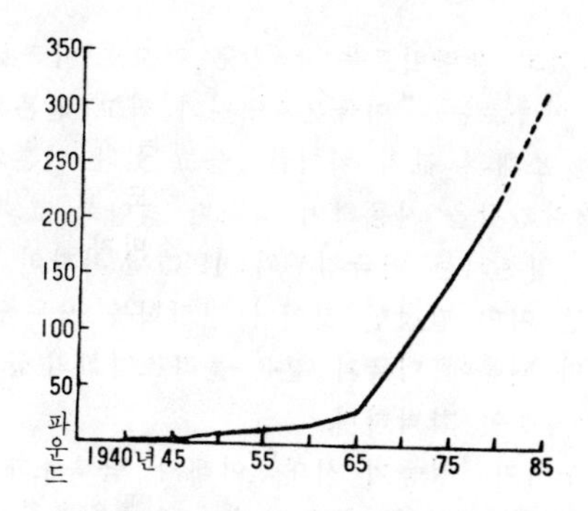

미국의 자동차 1 대당 플라스틱 평균 사용량의 연도별 추정량(1 파운드는 약 0.45 kg)

났다. 앞으로는 연료 효율의 향상을 겨냥하는 경량화를 추진하기 때문에 1985년의 수지 사용량을 10%인 146.25 kg(325파운드)까지 증가한다" 고 포드사의 재료과학연구소 연구부장은 전망한다.

일본의 자동차 메이커도 경량화 뿐만 아니라 복잡한 형상의 부품을 단일체로 성형할 수 있다는 이점 때문에 외장부품의 플라스틱화를 추진해 왔다. 예를 들면 범퍼는 폴리우레탄이나 폴리프로필렌이 주류를 이루고 있고, 프런트그릴에는 폴리프로필렌을 사용하는 경우가 많다. 혼다 기연공업(本田技研工業)의 '프렐류드'(Prelude)의 선루프(Sunroof)나 닛싼자동차의 '페어레이디-Z'(Fairlady-Z)의 프런트 라이트 케이스는 FRP(강화플라스틱)로 되어 있다. 최근에는 폴리아세탈에 금속을 도금한 도어핸들도 개발되었다.

일본의 수지 사용량은 1980년에는 1대당 평균 약

50㎏이었고 중량비로는 4~5% 정도로 미국보다 적다. 그 이유로는 "미국은 수지가 싸고 일본은 철이 싸다"는 소재의 값의 차이를 들고 있다. 일본의 자동차는 경량강판을 사용하여 상당한 경량화 효과를 얻고 있다. 일본차는 미국정부의 1985년 시한의 연료 소비규제를 이미 달성한 것이며 경량화를 서두를 필요가 없다. 이 때문에 미국과 같은 플라스틱화의 급속한 진전은 가망성이 희박하다.

합성수지가 '청동기 시대' 이래의 금속소재의 벽을 깬다는 것은 확실히 쉽지 않다. 80년대에 '플라스틱 자동차화'가 어느 정도까지 실현될지 예측하기 힘들다. 그러나 세계의 수지메이커가 이 꿈에 한걸음 한걸음씩 다가서기 위해서는 수지의 가능성을 신뢰하고, 이 수지의 높은 기능성과 경제성을 더불어 갖는 신소재의 개발을 계속하는 것 이외에는 다른 방법이 없다.

탈것에 편승하는 첨단수지

—항공기, 로키트 등에

"기체를 어느 정도까지 가볍게 할 수 있느냐를 기술적으로 도전할 수 있는 절호의 기회였다. 게다가 소재의 선전도 되고……"하며 미국 최대의 화학회사인 뒤퐁사의 홍보주임은 태양전지로 비행하는 '솔라—첼린저호'(Solar Challenger)의 사진을 가리키며 설명하기

미국 뒤퐁사의 '솔라 챌린저호'. 총중량 98kg. 태양에너지만으로 프로펠러를 돌린다.

시작한다.

'솔라―첼린저호'―뒤퐁사가 자본과 소재를 제공하여 1980년에 제작한 이 비행기는 주익과 미익 위에 16,128개의 태양전지를 가득히 싣고 있다. 기체는 가볍고 강한 아라미드섬유를 비롯하여 폴리아미드, 플루오르수지, 폴리에스테르필름 등 뒤퐁에서 만든 십여 종류의 고기능성 화학재료를 도처에 사용하였다.

1980년 11월부터 애리조나주에서 실시한 시험비행에서는, 총중량이 98㎏인 이 비행기는, 태양전지가 발전하는 2.7kW의 전력과 32세의 여성 파일럿인 자니스·브라운의 용기로, 30㎞의 거리를 최고시속 48㎞로 비행하는 기록을 세웠다. 그리고 1981년 7월7일에는 영불해협의 횡단비행에 성공하여 세계의 화제가 되었다.

1981년 2월 11일에 일본의 우주개발 사업단은 가고시마현(鹿兒島縣) 다네가시마(種子島)의 우주센터에서 신형인 N―II 로키트를 사용하여 기술시험위성인 '기꾸3호'를 발사하였다. "종전의 N―I형으로 발사하는 데는 이미 두 번이나 실패하였기 때문에 이번만은 꼭 성공해 주었으면 하고 빌고 있었다"라고 엔진 개발 부원들은 말했다. 이 시험발사의 주된 과제는 3단식 엔진 중앙에 있는 제2단 엔진을 우주공간에서 재점화하는 일이었다.

종전의 N-I로키트는 제2단 로키트에 재점화 능력이 없기 때문에 연소가 끝나면 제2단 로키트를 떨어뜨리고 제3단 로키트로 연소시키는 방법을 사용하였다. 제2단 로키트가 재점화되면 미묘한 궤도의 수정이 쉬워지고 로키트 발사의 정밀도가 향상된다.

그래서 우주개발 사업단에서는 연소실의 냉각에 특히 연구를 집중하여, 자동차의 수냉식엔진과 같은 종전의 방식으로부터 애블러티브(ablative) 냉각방식으로 전환하였다. 애블러티브라는 것은 융제(融除)라는 의미이다. 이 방식의 특색은 연소실의 벽이나 분출구의 소재로 페놀실리콘(phenol silicon)계 섬유를 섞어서 만든 내열성 수지를 사용하는 점이다. 고온의 연소가스와 접촉한 수지가 녹으면 열을 흡수하고, 그것이 다시 탄화하여 단열효과를 낸다.

이밖에도 종전의 N-I로키트는 위성의 커버에 유리섬유 강화페놀수지를 사용하고 있다. 앞으로 일본이 국산화하려는 H-I로키트의 제3단 로키트 분출구는 탄소섬유강화 에폭시수지를 2,600℃~2,800℃에서 소성한 부품을 사용한다.

항공기, 로키트 등에는 막대한 연구비를 들여 개발한 화학재료가 대량으로 사용된다. 경량화와 정밀도를 높이는 것이 제일 급선무이기 때문이다. 이러한 면에서 볼 때는 '최첨단 소재의 보고'라고도 할 수 있다.

그러면 지상의 탈것으로서는 최첨단을 달리고 있는 일본의 신깐선(新幹線)이나 리니어모터카 등은 어떠한가? 일본 국영철도의 차량설계를 전담하고 있는 도오꾜 신쥬꾸(新宿)에 있는 일본 국유철도 차량설계사무소의 신깐선 담당 주임기사는 "쬬오에쯔(上越), 도오호꾸(東北) 신깐선은 차체의 경량화에 꽤나 마음을 썼다"고 말한다. 결과적으로는 무게는 1량당 약 60톤이 되어 도오까이도(東海道)형과 별로 다를 것이 없지만, 쬬오에쯔, 도오호꾸형은 눈에 대한 대책 때문에 그것에 필요한 기기를 적재한 것을 고려한다면 내장 등 다른 부분은 그만큼 경량화된 셈이다.

가장 많이 사용된 재료는 FRP(유리섬유 강화플라스틱)이다. 예를 들면, 창틀주위에 액자같은 모양의 FRP 성형품을 부착하였다. 창이 깨졌을 때의 보수가 쉽고, 추운 지방을 달리므로 따뜻한 감촉을 얻을 수 있다. 화장실 등에도 종전의 금속성재료 대신 FRP로 만든 단일 성형품으로 교환했다고 한다.

리니어모터카는 1량당 중량을 신깐선의 절반인 30톤으로 하는 것이 목표이다. 담당 주임기사에 의하면 현재의 실험차에서 사용하는 화학소재는 외장의 이중으로 된 알루미늄 패널 사이에 단열재로 넣은 발포폴리우레탄과, 모터코일의 절연재로 사용한 아라미드종이 뿐이다. 그러나 목표달성을 위해서는 실용차를 설계하는 단계에서 내장재료를 중심으로 많은 플라스틱이 사용될 것이 확실하다.

철도차량의 외장을 플라스틱화 하는 것도 가능하다. 영국에서는 'HST'라고 불리는 고속 디젤 특급전차의 앞면이 FRP로 되어 있다. 일본에서도 나까노(長

野) 전철에서는 앞면이 FRP로 된 차량을 채용하고 있으며, 신깐선의 전철 기관차의 앞면 둥근 부분에 FRP를, 차량과 차량 사이에는 클로로프렌고무(chloroprene rubber)를 사용하고 있다.

철도차량은 앞뒤부분에 특수한 힘을 받게 되므로, 차량의 측면이나 지붕의 구조재료 등에 플라스틱을 사용하는 것은 어렵다는 것이다. 그러나 아직 사용 가능한 부분이 많고, 경량화 요구가 높아짐에 따라 부품의 플라스틱화는 확실히 진전될 것이다.

로키트나 항공기의 개발은 새기능을 가진 화학소재의 개발로 이어진다. 철도차량의 플라스틱화는 소재 메이커에게 새로운 시장을 만들어 준다. 탈것에 '실릴' 소재의 동향은 고기능성 화학소재의 개발에 열을 올리고 있는 화학, 합섬메이커의 꿈도 함께 싣고 달려가고 있다.

새로운 석기시대

-정밀 세라믹스 세계

'새로운 석기시대'의 발자욱소리가 들린다. 지구상에서 가장 풍부한 자원이고 무기물을 원료로 하는 정밀 세라믹스(fain ceramics)가 1990년대에는 금속이나 합성수지에 이어 '제3의 산업소재'로서의 위치를 차지하게 될 것이 확실하기 때문이다. 플라스틱(合成樹

脂) 등장 이래의 재료혁명이라 할 수 있다.

세라믹스는 도자기나 타일처럼 천연의 무기화합물을 소결(燒結)한 것이다. 이것에 대해 고순도의 천연무기화합물 또는 인공적으로 합성한 무기화합물을 원료로 하여 종전의 세라믹스에서는 볼 수 없었던 고도의 기능을 부여한 것을 "정밀 세라믹스" 또는 "뉴 세라믹스"라 부른다.

정밀 세라믹스에는 반도체 기판에 사용하는 알루미나, 온도센서(sensor)에 사용하는 지르코늄 등과 같이 고순도의 천연원료에 의한 산화물계와 질화규소나 탄화규소 등과 같이 인공적으로 합성한 비산화물계가 있다. 그 중에서도 비산화물계 소재는 세라믹 특유의 단점인 무른 성질을 극복하여, 금속의 기능적인 한계를 넘어설 수 있는 성질을 가지고 있기 때문에, 신소재의 유력한 '패'로서 주목을 받고 있다.

비산화물계 정밀 세라믹스에 대한 기대에 대하여 아사히(旭) 유리의 전무는 다음과 같이 말하고 있다.

"엔진이나 터빈 등에서도 고온이 될수록 열효율이 좋아진다. 그러나 금속은 고작 1,000℃ 정도의 온도에 밖에는 견디지 못한다. 이 한계를 돌파할 수 있는 것이 세라믹스이다. 그러나 지금까지의 세라믹스는 끈기가 없고 급가열, 급냉각 등의 열충격에 약하다. 비산화물계라면 이러한 취약점을 극복할 수 있다. 냉각이 필요없고 금속과 달라서 내식성도 크다. 더우기 원료는 내열합금의 니켈이나 코발트와는 달리 지구위에 무진장으로 있다."

비산화물계는 이미 절삭(切削)공구, 고온치공구(高溫治工具), 기계밀봉 등에 실용화되고 있다. 예를들면 일

일본의, 아사히유리가 개발한 비산화물계 파인 세라믹스를 소재로 한 각종 기계장치 부품

본에서는 쇼와(昭和) 전공은 다이어먼드나 초경합금을 대신하는 절삭, 연마공구 재료로서 입방정 질화 붕소(立方晶窒化硼素)를 기업화 하고 있다. 또 반도체재료의 산화물계에서는 세계 최대의 메이커인 교오또(京都)세라믹스도 절삭공구나 가스킷(gasket) 비산화물계를 기업화하여 "비산화물계에서도 세계 제일을 목표로 하고 있다"고 한다. 도오쿄 시바우라(東京芝浦) 전기는 독자적인 질화규소 합성기술을 개발하여 금속다이스(dies)의 대체품, 용접치구(治具) 등 고온치공구를 실용화 하고 있다.

그러나 이러한 분야에서의 실용화는 '산업소재로서의 실용화를 위한 초보단계'에 지나지 않는다. 핵심은 자동차엔진, 발전용 가스터빈 등 고가공도의 기계소재에 있다. 111페이지의 표에서 보는 바와 같이 자원·에너지, 기계 등 폭넓은 이용분야가 예측되고 있다.

분 야	용 도
원자로, 보일러	핵융합로용 진공실 벽재료, 제어봉, 고온가스로용 단열재 및 열 교환기.
발전기	발전용 가스터빈, 지열 발전용 터빈, MHD 발전기.
기계 부품, 기계	내열 샤프트, 가스킷, 절삭공구, 고온치공구. 초정밀 공작기계, 열간 단조기계, 우라늄 농축용 원심 분리기.
자동차	가솔린엔진, 디젤엔진, 가스터빈엔진, 브레이크 라이닝.
선 박	가스 터빈용 열 교환기.
항공기	터보팬 엔진, 터보프로펠러엔진
의 료	인공뼈, 인공치근, 인공관절.
해양 개발	해저자원 채취용 장치재료.
연료전지	다공질 기체관 재료
환 경	NO_x 처리장치 라이닝 재료 및 촉매, 방사성 폐기물 처리용 용기.

정밀 세라믹스에 기대되는 주된 용도

정밀 세라믹스에 의한 열효율 상승 예는 다음과 같다. 1978년도부터 시작한 일본 통산성의 '문라이트 계획'을 보면, 세라믹스를 사용하는 '고효율 가스터빈'의 열효율은 55%이다. 최신 화력발전소의 40%보다 15%나 넘는 대폭적인 향상이라고 할 수 있다. 도오시바(東芝)의 계산에 의하면 비산화물계 세라믹스에 의한 가스터빈 자동차의 작동온도를 900℃에서 1,200℃로 높이면 20~25%, 1,370℃로 높이면 28~33%의 연료소비를 절약할 수 있다고 한다.

일본에서의 비산화물계 정밀 세라믹스의 기술개발

은 현재까지는 공공 연구기관, 대학 또는 기업의 연구실 등에서 연구하는 단계에 한정되어 있었다. 이 때문에 일본 통산성은 1982년부터 발족한 '다음 세대의 산업기반 기술의 연구개발제도'의 과제로 정밀 세라믹스의 체계적인 개발을 채택하였다. "구미 제국보다 뒤떨어진 기술개발을 추진할" 내세라고 통산성 공업기술원 기술진흥과장은 말하고 있다.

비산화물계의 기술수준에 있어서 일본이 구미에 비하여 정말로 떨어지고 있는지 아닌지는, 주장이 구구하다. 다만 미국은 에너지성, 국방성, NASA(미국 항공우주국) 등이, 서독은 정부기관인 항공우주연구소가 거액의 예산을 투입하여 민간의 기술개발을 협조, 추진하고 있다. 국가적인 개발체제로 볼 때 일본은 확실히 뒤떨어져 있다.

그래서 '다음 세대에서의 제도'에 의하여 본격적인 관·산·학(官·産·學)의 협조적인 연구개발이 시작된 셈인데 민간기업의 활동도 활발해지고 있다. 아사히유리가 1980년에 '무가압 소결 질화규소와 탄화규소의 개발'을 발표하였고, 우베고오산(宇部興産)도 독자적으로 개발한 용액 계면반응법에 의한 파일럿 플랜트로 1981년도부터 질화규소 등 질화물분체(窒化物粉體)의 생산에 착수하였다. 이미 질화붕소 등을 기업화하고 있는 전기화학공업도 비산화물계의 주력이 되는 질화규소의 생산을 최근에 시작하였다. 도오요(東洋)소다공업은 최근 질코니아의 파일럿 플랜트 설치에 이어, 1981년부터는 질화규소 생산의 파일럿 플랜트를 건설하여 정밀 세라믹스에 진출하고 있다.

비산화물계 정밀 세라믹스의 '대표선수'격인 질화

규소가 일본에서 차지하는 시장규모는 연간 10톤 미만에 머물러 있다. 공업재료로서는 아직도 개발단계에 있다. 이것은 그 수요가 연구개발용에 한정되어 있기 때문이다. 그러나 중·장기적으로 볼 때 그 수요가 크게 뻗어날 것은 틀림없다.

질화규소의 제조방법에는 서독의 헤르만·슈타르크사의 금속규소 직접질화법, 미국의 GTE 프로덕트(product)사의 기상(氣相) 합성법, 일본의 우베고오산의 액상 계면반응법, 도오꾜 시바우라전기의 고순도 실리카 환원질화법 등이 있다. 이렇게 하여 만든 분말을 소결하여 부품으로 성형한다. 성형하는 방법으로는 반응소결법, 핫프레스(Hot press)법, 열간 정수압(靜水壓)소결(HIP)법, 무가압 소결법 등이 있다. 이 중에서 무가압 소결법이 복잡하고 대형 부품의 성형에 적합하고 또 양산에도 걸맞다하여 앞으로 주력 제조법이 될 가능성이 크다. 소결체로는 1,200℃에서 1㎟당 굽힘강도가 126㎏이라는 세계 최고수준의 재료가 일본에서 개발되었다.

한편 재료의 이용분야도 개척되고 있다. 현재의 최대목표라고 할 수 있는 자동차엔진에는 도요다그룹, 닛싼자동차, 도오시바, 교오또세라믹스, 아사히 유리 등이 도전하고 있다. 재료개발에서 뒤진다는 것은 자동차를 비롯한 가공조립산업에서 국제 경쟁력이 약해지게 된다는 것이다. 이 때문에 일본 통산성에서는 '다음 세대에서의 제도'를 발족시켜 민간기업에서의 기술개발을 추진시키고 있다.

질화규소를 비롯한 비산화물계 정밀 세라믹스가 본격적으로 실용화되려면 분말이나 소결체의 양산방법의 확립과 원가절감, 재료검사, 평가기술의 확립과 통일된 규격작성, 금속과의 접합 등 가공기술 등의 과제를 해결할 필요가 있다.

닛싼자동차의 중앙연구소 소장은 세라믹스재료의 이용개발에 관하여 다음과 같이 말하고 있다. "어느날 갑지기 혁신적인 새 기술이 개발된다고 하면 그 밑바닥에는 재료기술이 있을 것이다. 우리는 세라믹스 엔진의 실용화 가능성이 1%만이라도 보인다면 그것을 추구해 갈 것이다."

세라믹스 엔진

—디젤엔진에서 가스터빈으로

'일본의 침략'— 신문에 일본차의 수입공세에 관하여 격앙된 표제가 실렸다. 1981년 2월 하순의 디트로이트의 자동차경기의 불황은 엄동설한과 다를 것이 없었다. 바로 이때에 자동차 기술자협회(SAE)의 1981년도 총회가 도심에 위치한 코보홀에서 개최되었다.

새로운 기술면에서는 미국의 카보런덤(Carborundum)사와 GM사가 공동으로 개발한 가스터빈 부품을 출품한 것이 눈에 띄었다. 이것은 다름아닌 정밀 세라믹스의 탄화규소 제품이다. 더우기 정적인 날개가 아니고 기술적으로 상당히 힘들다고 하는 로터(Rotor: 회전날개)

미국 카보런덤사가 SAE대회에 출품한 탄화규소제의 가스터빈 엔진부품

이다. 전시장 담당자는 공동개발인 때문인지 많은 설명을 하려들지 않는다. 미국이 일찌기 없었던 자동차 산업의 불황 속에도 '미래기술'이라고 할 수 있는 세라믹스엔진을 향해 한발한발 착실하게 개발에 임하고 있음을 뚜렷이 엿볼 수 있었다.

일본의 나고야시 교외에 있는 도요다 중앙연구소. 여기는 도요다그룹의 기초연구기관이다. 이곳의 제5 연구부장은 세라믹스엔진의 개발전망에 대하여 다음과 같이 말한다. "재료는 질화규소를 주체로 하여 1,750℃에서 소결하고, 굽힘강도가 1㎟당 100㎏인 것을 개발하고 있는데 이 정도의 강도를 가진 것이면 충분하다. 엔진의 개발전망에 관하여는 디젤엔진은 1985년경에 가면 시제품을 만들게 될 것이고, 80년대 안에는 실용화 될 것이라고 전망하고 있다. 그러나 가스터빈 엔진은 시험차나 실용화가 모두 90년대 이후가 될 것이다. 하기는 부분적인 부품만의 세라믹스화라면 디젤

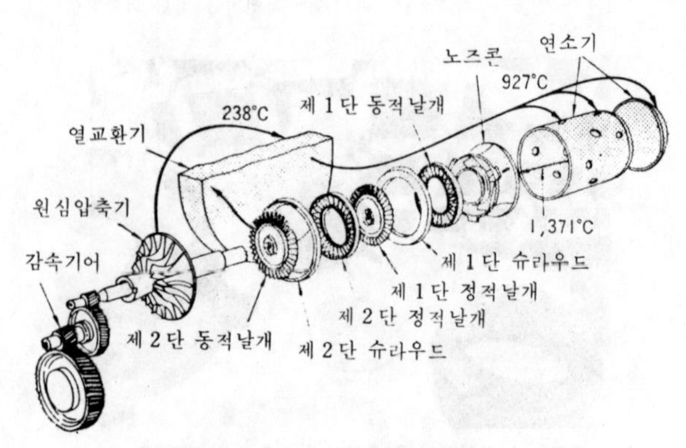

가스터빈의 엔진구성. 점망부분이 세라믹스재료.

엔진차의 시험제작 전에도 실용화할 수 있다."

세라믹스화의 대상으로 생각되고 있는 엔진부품은 디젤의 경우는 피스톤, 실린더 등이고, 가스터빈의 경우는 정적 날개(靜翼), 동적 날개(動翼), 노즈콘(nose cone), 열교환기, 연소기 등(그림 참조)이며, 재료로는 질화규소, 탄화규소가 유력시되고 있다. 세라믹스엔진이 개발되면 산업소재로서의 세라믹스에 대한 신뢰성을 단번에 획득할 수 있는 만큼 그 성공 여부는 정밀 세라믹스에 의한 소재혁명의 전망을 크게 좌우하게 된다.

가나가와현(神奈川縣) 미우라(三浦) 반도에 있는 닛싼자동차 중앙연구소. 여기서도 세라믹스로 엔진부품을 시험제작하여 실험을 반복하고 있다. 이곳의 연구소장은 "부품을 하나하나씩 만드는 일품요리는 가능하지만 양산 엔진의 개발이라고 한다면 해결해야 할 문제가 많다. 거의 모든 부품을 세라믹스화한 디젤엔진의 실험차를 1985년까지 개발하는 것은 문제가 없다. 그러나 미지의 엔진이라고 할 가스터빈의 실용화는 90년대 이후가 될 것이다"라고 전망한다.

세라믹스화의 잇점은 금속엔진으로는 힘든 고온연소에 의한 연료 소비효율을 향상시킬 수 있고, 냉각장치가 필요없는 엔진이 가능하므로 값비싼 내열합금을 사용하지 않아도 된다. 연료 절약은 가스터빈형일 때 왕복엔진에 비하여 30% 정도 향상시킬 수 있다고 한다.

소재 메이커의 움직임도 활발하다. 도오꾜 시바우라전기 금속재료 사업부는 "자동차메이커와 공동으로 80년대 후반에는 일부 디젤엔진을 실용화한다"고 말하고 있으며, 교오또 세라믹스의 종합연구소는 "자동차메이커와 공동으로 1981년부터 4개년 계획으로 4기통 2,000cc 디젤엔진을 개발하고 있다"고 말한다.

에너지성(DOE ; Department of Energy)을 주축으로 정부 자체가 개발을 추진하고 있는 미국은 어떠한가? DOE는 NASA(미국 항공우주국)의 협력을 얻어 1979~1985년에 걸쳐 총액 1억5천만달러의 연구비를 투입하여 공업화와 실용화를 위한 앞단계로서의 기술개발을 추진하고 있다. 이 계획에 따라서 ① 포드와 개러트·에어리서치, ② GM, ③ 크라이슬러와 윌리암·리서치(William Research)의 세 팀이 개발에 참가하여 경쟁하고 있으며, 미국의 코닝, 카보런덤 등의 소재메이커가 협력체제를 취하고 있다.

DOE가 계획하고 있는 스케줄은 1984~1988 년에 공업화기술을 개발하고 1987~1991년에는 양산체제에 들어간다는 것이다. 다시 말하면 1988년에 실용화

테스트를 위하여 5,000대에서 10,000대 정도의 한정 생산을, 1991년에 가서는 30만대에서 50만대 규모의 양산을 목표로 계획하고 있다. 이와 같은 계획은 기술적인 가능성에 바탕을 둔 것이 아니라, '노력목표'라는 성격을 띠고 있다. DOE는 가스터빈엔진의 개발로 1ℓ당 연료소비율을 최저 30% 이상을 절약할 예정이다. 즉 가솔린 1ℓ당 16.9㎞를 계획하고 있다.

DOE의 개발계획에 참가하고 있는 미시간주 디아본의 포드 재료과학 연구소를 방문하였다. "우리는 15년간이나 세라믹스를 연구해 왔다. 다른 회사보다는 기술이 훨씬 앞서 있다"라고 자부하는 동연구소의 연구부장은 DOE의 가스터빈 개발계획에 대하여 "현재는 부품연구 단계이며, 정적 날개나 열교환기를 세라믹스로 만드는 것은 쉬운 일이지만, 엔진의 실용화 시기를 말하기에는 아직 이르다. 1990년 이전에는 생산하기 힘들 것이다"라고 말하고 있다.

더 희망적인 대답을 기대하고 있었던만큼 신중한 그의 전망에 대하여는 약간 의외였다. 자동차 불황으로 1980년도에 거액의 적자를 기록하여 '제2의 크라이슬러'가 될지도 모를 상황에 있는 포드이다. 더우기 이 회사의 기술진은 정부의 연료소비효율에 대한 1985년까지의 규제 시한을 극복하기 위하여 경량화, 소형화 차를 위한 기술개발에 몰리고 있다.

더우기 레이건대통령은 1981년 10월 이후의 1982년도 예산에서 DOE의 개발예산을 삭감했다. 포드의 연구부장은 "레이건 정책으로 DOE프로그램의 진척이 감속을 불가피하게 될 것 같다"라고 우려한 뒤에, 그러나 "포드는 연구개발을 늦추더라도 실용화를 향한 연구개발은 계속해 나간다"는 부연 설명을 잊지 않았다.

기술수준을 비교한다는 것은 쉬운 일이 아니지만, 정부가 거액의 연구개발비를 지출하는 미국과, 민간이 독자적으로 연구개발을 추진하여 온 일본에, 큰 차이가 없지 않느냐는 것이 솔직한 인상이다. 물론 "재료와 부품에 있어서 균일한 품질과 양산기술, 설계, 비파괴시험, 평가 등 종합기술면에서는 일본이 확실히 미국보다 뒤떨어진다"는 교오또 세라믹의 종합연구소장과 같은 관점에 서는 사람도 없지 않다.

그러나 일본의 우수성을 강조하는 사람도 많이 있다. "미국 DOE의 1980년 11월 회의자료가 최고수준의 것이라고 한다면, 일본도 뒤떨어져 있지 않다." "90년대를 지향하는 가스터빈의 개발에서 미국 보다 뒤떨어져 있다고는 생각하지 않는다." "비파괴검사로 재료내부의 10마이크론 정도의 흠집을 발견할 수 있는 기술은 미·일 양국이 모두 아직은 갖고 있지 않다. 자금과 연구원의 수에 있어서는 미·일 간에 큰 차이가 있지만, 이것이 기술개발의 격차와 직결된다고 할 수는 없다"고 관련자들은 말한다.

미국에서는 DOE 외에 육군 등에서도 커밍즈회사와 같은 메이커와 공동으로 세라믹스재료를 사용한, 냉각할 필요가 없는 대형 디젤엔진의 개발을 추진하고 있다. 서독에서는 정부기관의 항공우주연구소가 자동차메이커의 개발을 전면적으로 지원하고 있다. 일본에서도 1981년부터 통산성의 '다음 세대의 산업기반기술의 개발연구제도'로 산·관·학(產·官·學)이 협동하여 연구개발을 시작하였다.

이와 같은 세계의 개발연구팀들이 해결하여야 할 과

제들은 산더미처럼 많다. 부품의 품질의 신뢰성, 설계기술, 가공·접합기술, 검사, 수명예측법 등등, 그리고 원가문제 등이다. "군용이나 우주개발용이라면 원가는 문제가 안된다. 그러나 양산을 필요로 하는 상품인 자동차는 그렇지가 않다"고 포드의 연구부장은 말한다. 예를 들면 원료소재의 가격이다. "자동차는 기의 1g 당 일화 1엔이 먹히는 상품이라고 하겠는데, 철은 1g 당 일화 10전 정도밖에 안되는 값싼 소재다. 이것에 비하여 질화규소나 탄화규소는 1g 당 일화 20엔 정도나 하는 값비싼 소재이다. 이것이 문제이다"라고 닛싼자동차 중앙연구소의 재료 연구소장은 난색을 표한다.

정밀세라믹스가 21세기를 지향하여 소재혁명의 전망을 개척해 나가는데는 이와 같은 과제를 끈기있게 해결해 나가야 할 것이다.

일렉트로닉 세라믹

— 입자의 경계면에 주목

"결정입계(結晶粒界)에 주목하라"——이것은 전자재료로서의 세라믹(electronic ceramic) 개발과 대결하고 있는 연구자들 사이에서 요즈음 유행하고 있는 말이다.

세라믹스기술은 천연 무기물이나 인공적으로 합성한 무기물의 입자끼리를 소결하여 결합시키는 다결정기술

(多結晶技術)이 기본이 되는데, 그때 입자와 입자 사이의 경계면에 생기는 '입계 (粒界)의 성질에 따라서 전자재료로서의 기능이나 특성이 결정된다. 이 입계의 선폭은 Å(옹스트롬) 즉, 1억분의 1㎝ 단위이다. '서브마이크론(100만분의 1m 이하)의 예술'이라고도 일컬어지는 초 LSI(대규모 집적회로)는 미세 가공기술이 그 성공 여부를 좌우하게 되는데, 세라믹은 원자나 분자 단위의 한층 더 미세한 세계에서의 첨단기술이다. 도자기나 타일, 자동차엔진, 발전용 가스터빈 등의 소재로서 각광을 받고 있는 세라믹기술의 흐름을 '구조재료'로서의 세라믹이라고 한다면, 전자 세라믹은 '기능재료'로서의 세라믹이라고 말할 수 있다.

세라믹 구조재료는 내열성, 내식성 등의 면에서 금속이나 목재 등 다른 구조재료보다 우수하기 때문에 주목을 받고 있지만, 전자세라믹의 경우는 이런 특징들은 '곁다리'에 불과하고, 이것과는 달리 유전재료, 압전재료, 저항재료, 자성재료, 기판재료 등 전기적인 '기능'을 나타내는 것이 특징이다.

예를 들면, 다이요유전(太陽誘電)은 1981년에 반도체 세라믹콘덴서 'UBL'을 개발하였다. 콘덴서용 세라믹으로는 30년간의 전통을 자랑하는 티탄산바륨을 버리고, 대신 티탄산스트론튬을 유전체(또는 절연체)로 채용하였다. 여기에 어떤 물질을 첨가하여 유전율을 종전의 같은 종류의 콘덴서보다 2배정도 높이는데 성공하고, 소형화에의 길을 터 놓았다.

이와 같은 개량효과를 가져 온 주역이 입계이다. X선을 사용하여 조성을 관찰하면 티탄산스트론튬과 입자 사이를 입계가 망목(網目)구조를 형성하고 있는 것

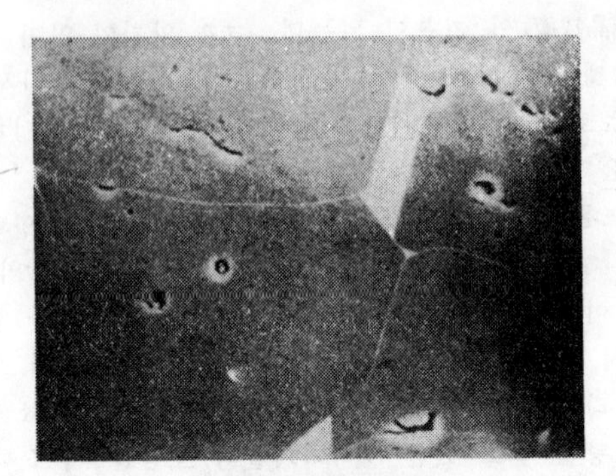

전자세라믹의 신종, 티탄산스트론튬의 미세 현미경사진. 가늘고 흰선이 입계

을 확실히 알 수 있다. 실은 이 입계가 절연체이며 망목형상이기 때문에 이상전압이 걸려 일부가 파괴되더라도, 다른 부분으로 손실부분을 보완하는 등 높은 성능을 발휘한다.

입계를 응용한 예로서 일정온도 이상이 되면 전기를 통하지 않는 기능을 가진 더미스터(Thermistor : 열민감성 저항기) 'PTC'와, 일본의 마쯔시다 전기산업이 개발한 대전류 흡수소자 'ZNR' 등이 있다. 'PTC'는 티탄산바륨이 주성분인데, 헤어드라이어나 건조기 등 가전제품에 사용된다. 'ZNR'은 산화아연이 주성분이며 산업용 피뢰기 등에 사용한다. 둘 다 입계의 크기나 입계에서의 첨가물의 분포를 변화시킴으로써 전기특성을 인위적으로 미묘하게 조절할 수 있다.

세라믹이 이와 같은 작용을 하는 것은 다결정체이기 때문이다. 고체는 크게 결정과 비결정으로 나눌 수 있다. 결정 중에서 전체 원자가 규칙적으로 배열된 것을 다결정이라고 한다. 자연계에 존재하는 금속, 반도체 등은 미세한 단결정이 여러가지 형태로 모여서 된 다결정체이다.

세라믹은 도자기의 제조법에서 보는 바와 같이 다결정체를 소결하는 것이 기본이다. 원자배열도 부분적으로는 제멋대로 분산되어 있다. 이 배열은 첨가물(비스무트, 코발트, 망간 등의 원소를 사용할 때가 많다)을 바꾸거나 소결온도를 변화시킴으로써 인위적으로 바꿀 수 있다. 전자세라믹이 다양한 기능을 나타내는 것도 다결정(多結晶)이기 때문이다.

같은 무기 전자재료라도 고도의 정제기술이 전제가 되는 단결정(單結晶)이라면 세라믹과는 다른 모양을 하고 있다. 예를들면, IC(집적회로)의 중심재료인 실리콘은 암석 등의 주성분으로 무진장으로 존재하는 자원이지만, 반도체재료로 사용되는 것은 99.999999999%라는 아주 고순도의 단결정 실리콘이다. 이와 같이 순수한 단결정은 자연계에는 존재하지 않으므로 고도의 인위적인 과정을 거쳐 만드는 수밖에 없다. 즉 정제(精製)로 순도를 높인 다결정 실리콘을 고온으로 용해하고, 씨(Seed)가 되는 작은 단결정을 넣어 회전시키면서 단결정 실리콘만을 뽑아내는 '추출법'이나 고주파 가열, 적외선 집중 가열에 의한 '부유대 용융법' 등을 사용하는데, 상당히 복잡한 장치가 필요하며 전기사용량도 무시할 수 없다.

원자가 가지런히 배열되어 있는 단결정은 그만큼 전자가 자유로이 움직일 수 있는 특징이 있으므로 논리소자(論理素子) 등에 응용하면 소형, 고속화 등이 가능하지만 값이 비싸다는 것이 결점이다. '소결'이 기

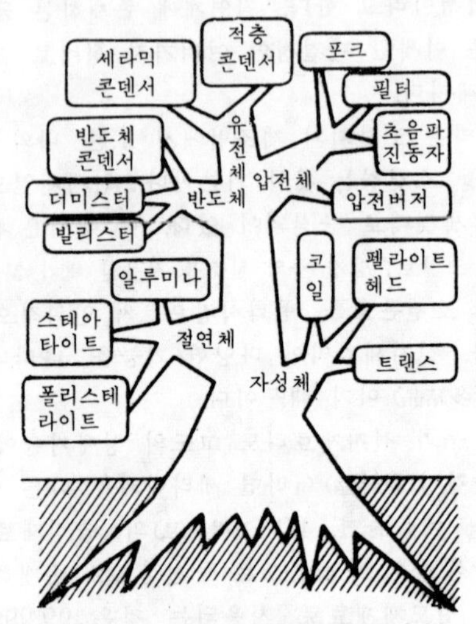

확대되는 전자 세라믹의 세계

본이 되는 세라믹이 주목을 받기 시작한 것은 코스트면에서 단결정에 비하여 유리하다는 이유도 있다.

또 GGG(가돌리늄·갈륨·가네트)나 레이저의 발광원이 되는 YAG(이트륨·알루미늄·가네트) 등의 단결정은 고순도이기 때문에 전기특성이 처음부터 일정하므로 기능이 특성화한다. 세라믹과 단결정은 더불어 중요한 전자재료이지만 그 용도는 정반대이다.

이와같이 전자세라믹은 바야흐로 고급 부품재료로서의 위치를 굳혔다고 할 수 있다. 세라믹은 결정구조나 함유원소의 성분을 변화시킴으로써 콘덴서, 더미스터 이외에도 표면탄성파 필터, 발진자(發振子), 트랜스포머 등 수많은 전자부품에 사용된다. 이와 같은 다양성을 간직하고 있기 때문에 세라믹은 센서의 가장 유력한 재료로서 뜨거운 시선을 끌게 되었다.

더우기 입자의 성장제어, 입자지름의 균일성제어, 입계의 첨가물제어 등 세라믹의 개발기법은 섬세한 기술이 특징이다. 실제로 미국의 세라믹학회 등에서 연구보고를 할 기회가 최근 부쩍 늘었다고 하는 어떤 일본사람은 "전자재료로서의 세라믹에 대해서는 미국으로부터 배울 것이 없다"고 말을 하는데 이것은 과언이 아니다.

이와 같은 이유 때문인지 최근 일본에서는 전자세라믹에 대한 연구열, 정보수집열 등이 증가하는 한편, 기업이나 대학 등에서 구성하는 학술단체, 요업협회는 1980년부터 원료부회(原料部會)에 전자재료 연구회를 설치하고, 주로 센서에 대한 세미나를 계속해 왔는데 1981년 4월 21일에는 이사회에서 이것을 전자재료부회로 독립시켰다. 시멘트, 유리, 도자기, 내화물 등, 세라믹학계를 리드해 온 체면을 위해서도 전자세라믹기술의 심층부로 파고들어갈 의욕이다.

또 전자재료 공업회도 1981년 5월에 반도체 세라믹과 기능회로소자의 두 부회를 설립했다. 모두가 기업이나 대학 등에서 개별적으로 연구하던 전자세라믹이 공통의 관심사가 되었다는 것을 의미한다.

일본에서 티탄산바륨 등 전자세라믹에 포괄되는 제품의 생산액은 1979년도에 일화로 약 3천억 엔으로 시멘트, 유리 등 '전통적'인 세라믹의 약 8분의 1에 달하고 있다. 관계자 사이에서는 1985년도에 가면 가볍게 일화 1조엔을 넘길 것으로 예측하고 있다. 지금까지는 대전기, 전자부품메이커가 한걸음 앞서 왔으나, 앞으로는 유리·토석, 비철금속, 화학 등 다른 업종까지 휩쓸은 개발경쟁이 한층 격화할 것이다.

포스트 유리섬유

—하늘을 나는 탄소섬유를 따라가라

1981년 1월 1일, 기체에 탄소섬유 강화플라스틱을 사용한 8인승 비지니스 제트기가 미국 네바다주 상공을 비행하였다. 기체중량은 1,750㎏에 지나지 않았다. 연료소비율은 대형 승용차와 비슷한 1ℓ당 4.7㎞라는 획기적인 성능을 가졌다. 미국 리어팬사(본사 네바다주 리노시)가 일본의 도오레이의 탄소섬유를 사용하여 만든 것인데 비행기의 무게를 40% 경량화하는데 성공하였던 것이다.

가볍고도 강한 탄소섬유는 복합재료로서 '포스트 유리섬유'의 본질적인 알짜라고 하면서도 현재까지는 골프채나 라케트 등 스포츠용구에 그 용도가 한정되어 있었다. 그러나 이 소형 제트기의 첫 비행은 탄소섬유가 본래의 용도로서 지목되었던 항공기 재료로서 사용할 수 있는 길에 들어섰다는 것을 상징하는 것이다.

"탄소섬유의 가능성을 믿고 지금까지 꾸준히 시장

기체를 모두 탄소섬유 강화플라스틱으로 만든 미국 리어 팬사의 8인승 상용 제트기.

개척에 힘써왔다"며 코네티컷주 던베리에 있는 유니온·카바이드(UCC) 본사의 탄소섬유 제조부장은 다음과 같이 말한다. "1981년부터 비행기 1대 당 약 1톤의 탄소섬유를 사용하는 보잉 767형기의 생산이 시작되고 있다. 다음 번의 보잉 757형기에서는 쓸 수 있는 곳에는 거의 다 사용하기 때문에 1기당 약 9톤 남짓한 탄소섬유를 사용하게 될 것이다. 연료 가격의 앙등으로 현재 상업용 항공기의 운항원가의 약 60%가 연료비이다. 그들은 가벼운 고기능 소재를 구하기에 전력을 기울이고 있다."

보잉사의 어림으로는 기체중량 1kg의 경감은 현재의 연료가격으로 환산하여 15년간에 1,200달러의 연료비를 절약할 수 있다는 것이 된다. 그리고 항공기 1대당 9톤 남짓한 정도의 사용량이라는 것은, 일본의 최대 탄소섬유메이커인 도오레이의 월간 생산능력이 1981년에 35톤이라는 것과 비교할 때 얼마나 많은 양인가를 알 수 있다.

일본의 도오쿄 니혼바시(日本橋)에 있는 도오레이본사의 탄소섬유 영업진을 관장하는 사업부장은 "세계적으로 보아 1981년에는 항공기에 사용하는 탄소섬유량이 스포츠용품에 사용하는 양을 웃돌게 되었다. 80년대에는 전세계에서 3,500 내지 4,000대의 민간항공기를 새로 생산하게 된다. 탄소섬유가 얼마 만큼 뻗어날지 상상조차 할 수 없다"고 아주 밝은 표정이다.

탄소섬유는 아크릴섬유(폴리아크릴로니트릴: PAN) 나 피치를 탄화시켜서 만든다. 역사적으로는 미국 UCC가 1950년대에 레이온 소성사(燒成糸)를 개발하였는데, 그후 레이온 공업은 쇠퇴하여 현재는 PAN 계와 피치계의 두 종류가 주종으로 되어 있다. PAN 계는 도오레이가 1971년에 고강도·고탄성 구조재료용 강화섬유로서 기업화하였다. 피치계에서는 구레바(吳羽) 화학공업의 것이 저강도, 저탄성인데 내열성이나 내식성이 우수한 피치계 탄소섬유를 1970년에 기업화하였고, 이어서 UCC에서 1974년에 PAN계와 비슷한 강도와 탄성이 우수한 탄소섬유를 구조재료용으로 기업화하는데 성공하였다.

세계의 PAN계 탄소섬유의 수요는 1980년에는 850톤이었고 이 중의 70%는 일본의 도오레이와 도오호(東邦)레이온, 니혼카본 등이 생산하였다. 1981년에는 세계의 수요가 1,100톤으로 상승하였는데 앞으로 5년간은 해마다 35~50%의 율로 증가하게 될 것이라고 UCC의 탄소섬유부장은 추정하고 있다.

UCC가 자랑하는 피치계도, 항공기의 브레이크 디스크에 실용화되고 있는데, 해마다 2배 정도의 율로 고성장을 계속하게 될 것으로 예측된다(미국 시장에서의 1981년의 규모는 180톤 남짓하였다). 일본의 구레바화학이 세계시장의 절반 이상을 차지하고 있는 저강도·저탄성 피치계는 아스베스트(asbest:石綿)의 대용재료로서 유망시되고 있다.

앞으로 수요가 증가할 것이 확실시되고 있으므로, 현재 생산하고 있는 기업에서의 증산계획은 물론, 신규로 참가하려는 기업들로 붐비고 있다. 예를들면 피치계에서는 일본의 미쯔비시 화성공업이 새로이 참가할 예정이다. PAN계에서는 미국의 UCC, 프랑스의 엘프·아키텐이 일본의 도오레이와, 미국 셀라니즈가 역시 일본의 도오호 레이온과의 기술제휴로, 또 일본의 아사히 화성공업은 일본 카본과의 제휴로 진출할 계획이며, 내외 기업의 연계도 두드러지고 있다.

그러면 스포츠용품, 항공기 다음에 올 '제3세대'의 시장이라 일컬어지는 자동차산업에서는 어떠한가? 미국의 포드는 1979년에 엔진과 타이어를 제외한 거의 대부분을 탄소섬유 강화플라스틱으로 만든 승용차를 제작하였다. 탄소섬유를 대량으로 사용하여 총 중량이 1.7톤이던 대형차를 소형차 정도의 무게인 1.1톤으로 감량하였다.

"차를 어느 정도까지 경량화할 수 있는가를 실험한 것이다. 그러나 탄소섬유의 최대의 결점은 가격이 너무 비싸다는 점이다. 그러므로 자동차는 우선 값이 싼 유리섬유를 충분히 사용하고, 다음에는 유리섬유와 탄소섬유를 혼합하여서 사용하게 될 것이다"라고

미국 포드사가 재료기술의 실험용에 300만 달러를 투자하여 제조한 탄소섬유 강화플라스틱제 승용차.

포드 재료과학 연구소의 연구부장은 말하고 있다.

탄소섬유의 가격은 PAN계가 0.45kg(1파운드)에 30달러이고(3,000개의 섬유), 피치계는 같은 무게의 것이 20달러 정도이다. 이것에 대하여 유리섬유는 2달러 이하에 불과하다. 양산화가 진척되면 값은 절반 정도까지 싸지게 되리라고는 하지만 자동차의 양산속도에 대응할 수 있는 가공속도가 뒤따르지 못하고 있는 만큼 일부 부품 이외에는 자동차에 대한 탄소섬유의 실용화는 늦어질것 같다고 도오레이 측은 말하고 있다.

한편 탄소섬유 이외의 복합재료도 연달아 등장하고 있다.

미국 델라웨어주 윌밍턴의 뒤퐁사에서 개발한 아라미드섬유, 즉 케블라(Kevlar)는 최근에 개발된 제품중에서 가장 성공한 것이다. 연구개발 담당 수석부사장은 다음과 같이 말하고 있다. "확실히 케블라는 복합재료로서는 우수한 제품이다. 같은 무게의 철보다 5배나 강하고, 탄소섬유보다 값이 싸기 때문에 다이어코드, 항공기의 구조재료 등에 그 용도가 매우 넓다. 연간 생산능력을 2만2천톤으로 확장 중에 있다." 뒤퐁에서는 케블라에 이어 비철금속의 강화섬유로서 알루미나섬유도 개발중에 있으며 우주, 군사용 그리고 자동차용에 그 수요를 겨냥하고 있다.

알루미나섬유는 일본에서도 기업화할 움직임을 보이고 있다. 전기화학공업에서는 단섬유(短纖維)를 사용하는 고온로의 재료용을 목표로 1981년에 본격적인 설비를 건설했으며, 스미도모 화학공업은 장섬유(長纖維)로 '유리섬유, 탄소섬유에 이을 제3의 복합재료'를 목표로 양산화 준비를 추진하고 있다.

알루미나섬유는 알루미나를 고온 처리 또는 특수처리하여 다결정질 섬유화한 것이다. 결정구조에 따라서 내열온도가 달라지지만 1,300~2,000℃ 정도의 고온에 견딜 수 있다는 것이 큰 특징이다. 이밖에 열전도율이 낮고 비중이 작다는 알루미나 본래의 특징을 가지고 있다. 그 중에서도 알루미나 장섬유는 탄소섬유의 전도성과 내열성이 산소조건 아래서 낮은데 비하면 절연성도 좋을 뿐더러 높은 내열성도 가지고 있다. 그러나 강도는 탄소섬유와 엇비슷하다. 이 때문에 새로운 복합재료용 강화섬유로서 주목을 끌고 있다.

일본의 전기화학공업의 알루미나 단섬유(短纖維)는 1,300℃에서부터 1,500℃까지의 고온에 견디므로 주로 내화벽돌을 대신하는 에너지절약형 로(爐)에 쓸 소재로 공급할 것을 목표로 하고 있다. 현재 실험 중에 있는 제품은 철강수요가의 기술평가를 받고 있다. 1981년에는 일본 니이가다(新潟)에 연산 120톤의 생산능력을 가진 생산공장을 건설했다.

알루미나 단섬유는 영국의 ICI(Imperial Chemical Industries)만이 기업화하고 있을 뿐이다. 기존의 로(爐)용 재료보다 단열에 의한 열확산 방지효과가 크기 때문에 일본의 전기화학공업에서는 잠재적으로 연간 1,000톤 단위의 수요가 있을 것이라고 앞으로의 성장성에 자신을 가지고 있다. 또한 판매가격은 1kg당 일화 5,000엔 정도의 고가품이기 때문에 수익성에도 큰 기대를 걸고 있다. 한편 스미도모 화학에서도 파일럿 플랜트 규모의 공장을 건설하여 샘플을 출하하는 동시에 양산기술의 최종적인 단계에 있다. 이 회사의 알루미나섬유는 그 특성인 내열성을 살려 금속, 수지 및 세라믹스 등의 복합 강화재료용으로서의 수요를 예측하고 있다.

복합재료의 신제품을 알루미나섬유라고 한다면, 일찌기 탄소섬유에 씌웠던 '꿈의 섬유'라는 호칭을 이어받을 가장 유력한 후보는 탄화규소섬유(炭化硅素纖維)이다. 일본카본은 1982년 초에 월산 1톤의 생산능력을 가진 설비를 완공하여 세계에서 처음으로 본격적인 기업화를 노리고 있다. 탄소섬유보다 특성이 우수하다고는 하지만 이 섬유의 가격이 1kg당 일화 10만엔 정도가 되기 때문에 앞으로의 실용화에는 여러 가지 문제점이 있을 것이다. 그러나 시장개척—양산화—원가절감을 도모하기에 따라서는 탄소섬유와 같은 소재의 실용화도 꿈이라고 할 수만은 없을 것이다.

가스로 전기를 만든다
-연료전지개발 성공의 열쇠

유인 우주왕복선 '콜럼비아호' 선내에는 소리도, 연기도 내지 않고 12kW의 출력으로 발전하는 장치가 3대 움직이고 있다. 연료는 수소와 산소이며 발전 후에 만들어진 물은 승무원의 음료수가 된다. 이것이 연료전지이다. 전지라는 이름이 붙어 있지만 연료만 공급하면 계속하여 발전하게 되므로 작은 발전소라고 하는 것이 타당할 것이다. 산소와 수소를 특수한 조건 아래서 천천히 반응시키면 전류를 얻을 수 있는 것이 연료전지의 원리이다.

도오쿄전력 기술개발연구소의 주임연구원은 연료전지의 특징으로 다음과 같은 네 가지를 들고 있다. 첫째 효율이 높다. 화력발전에서는 연료를 태워서 증기를 만들고, 이 증기로 발전기를 돌려 전기에너지를 만드는 몇 단계의 과정을 거친다. 그러나 연료전지는 연료가 본래부터 가지고 있던 화학에너지를 직접 전기로 변환한다.

둘째로 연소, 회전기구가 불필요하기 때문에 대기오염이나 소음 등이 생길 문제가 전혀 없다.

세째로 출력을 최저에서부터 최고까지 초단위로 바꿀 수 있으므로 전력수요에 즉시 대처할 수 있다.

네째로는 설비가 하나씩으로 된 단위구성이므로 공장에서 미리 조립하여 두면 현장에서의 건설공기를 단

축시킬 수 있다.

일본에서는 유인 우주왕복선의 연료전지와 같은 방식의 연료전지를 히다찌 제작소와 후지 전기제조 등에서 개발하고 있다. 전해질로는 수산화칼륨 수용액을 사용한다. "탄소전극에 첨가하는 촉매재료로서 수소전극 쪽은 Raney－Ni(니켈과 알루미늄합금으로부터 알루미늄을 녹여낸 것)을, 산소전극 쪽은 탄소에 순수한 은을 첨가한 것을 사용한다"고 한다.

이 방식의 연료전지는 불순물을 함유하지 않는 수소와 산소가 필요하다. 우주선, 잠수함 등의 특수용도를 제외하면, 보통 발전용에는 코스트가 비싼 난점이 있다. 그래서 연료로는 천연가스, 나프타 등을 사용하는 인산 수용액을 전해질로 이용하는 연료전지가 고안되었다. 실용 연료전지의 제1세대로 클로즈업 된 것이 바로 이것이다.

미국에서 연료전지의 기업화에 유일하게 성공한 유나이티드 테크놀로지(UTC)의 동력시스팀부문(코네티컷주 사우드 윈저)을 방문하였다. 동사가 아폴로계획 등을 통해서 NASA(미국 항공우주국)에 납품한 연료전지는 90대 이상에 달하고 있다. 인산전해질형 연료전지(燐酸電解質型 燃料電池)는 미국의 27개 가스회사와 일본의 도오꾜가스, 오오사까가스 등도 참가한 '타케트계획'(1971년부터 1977년)관계로 출력 12.5kW의 것, 65기를 납품한 바 있다. 그리고 미국의 9개 전력회사에서 실시한 'FCG－1계획'(1971~1978)에는 1MW(1,000 kW)플랜트를 납품한 실적도 가지고 있다.

이 회사는 타케트계획에서 축적한 기술로 빌딩에 사용할 수 있는 출력 40kW짜리 연료전지도 만들었다.

이 연료전지가 있으면 한 개의 천연가스의 배관으로 천연가스와 연료용 도시가스와 발전에 모두 사용할 수 있다. 가스회사와 전력회사의 구별이 없어질 수 있는 가능성을 보여주는 좋은 예라고 할 수 있다.

한편, FCG-1 계획의 후속사업으로 뉴욕의 전력회사인 콘·에디슨(Consolidated Edison)사에서는 4.8MW 플랜트를 건설 중에 있다. UTC 공장의 마당에는 콘·에디슨에 납품을 기다리고 있는 연료전지 본체가 있는 것을 보았다. 이것과 용량이 꼭 같은 연료전지 실험플랜트를 UTC는 일본의 도오꾜 전력회사로부터 발주를 받아 1982 년에 납품한 바 있다.

동경전력에서 건설한 바 있는 4.8 MW짜리 플랜트의 건설 총액이 일화 50억엔이었다. 즉 1kW당 건설비는 100 만엔 정도이다. 현재 발전소의 건설비가 화력인 경우가 약 15만엔, 원자력이 약 35 만 엔이므로 이것과 비교하면 엄청난 가격이라고 할 수 있을 것이다. 이와같이 비싼 이유는 대량생산이 되지 못하고 손으로 만드는데 그 이유가 있다고 UTC의 책임자는 말하고 있다. 미국 전력연구소에서는 장래에는 1kW 당 8만엔선까지 내려갈 것으로 예측하고 있다.

인산전해질전지가 비싼 이유는 촉매재료에 백금을 사용하기 때문이다. 수명이 4 만시간이 된다는 백금촉매는 재생할 수 있기 때문에, 가격이 비싸지만 결국은 값이 싼 셈이라고 한다. 백금을 대폭 줄인 촉매 또는 백금을 전혀 사용하지 않은 촉매 등의 연구를 UTC, 후지전기 이외에 연료전지의 개발회사인 미국의 ERC와 제휴한 산요전기와 미쯔비시전기 등이 빠른 속도로 개발하고 있다.

콘 에디슨사가 뉴욕에 건설중에 있는 연료전지 발전 플랜트용지(화살표)

콘·에디슨이 1981년부터 실험을 시작한 연료전지 플랜트의 입지장소는 맨해턴의 동쪽 15번가와 FDR 드라이브웨이의 사이에 있는 지역이다. 이와같이 시가지 중심에 안전하고 무공해한 분산형 발전소를 건설할 수 있다는 것이 연료전지발전소의 최대의 장점이라고 할 수 있을 것이다. 뉴욕에서는 1977년에 대 정전사고를 당한 바 있으므로 뉴욕시 당국에서도 적극적으로 협조하고 있다. 연료전지발전은 금후 10년 사이에 실험기술단계를 끝내고 실용화 단계인 상업화에 들어가게 될 것으로 콘·에디슨의 부사장은 말하고 있다.

GE는 1980년에 제2세대의 연료전지,용융탄산염형의 개발을 선언하였다. 사내에 있는 5개 부문 이외에도 사외에 전력,·가스회사, 연구소, 재료설계회사 등으로 개발연구 그룹을 편성하였다. 전해질로는 탄산리튬과 탄산칼륨을 500℃ 이상의 고온에서 녹여 다공질 알루민산리튬을 전극 사이에 끼워서 구조재료로 사용한다. 또한 고온이기 때문에 촉매는 불필요하고 전극은 니켈과 산화니켈을 이용하며 효율은 인산전해질보다 높다. 그런데 여기서는 고온에 견딜 수 있는 각종 재료의 개발이 성공의 열쇠가 된다.

이와 같은 형태의 연료전지는, 석탄의 가스화플랜트와 직결한 대규모 발전소를 만들 수 있을 것이라고 GE의 한 고급기술자가 말을 하고 있다. 1980년대 중반에 전지를 만들고 1980년대 후반에는 주문을 받게 될 것이라고 한다.

분리막을 제압하는 자가……

—에너지절약, 병의 치료에

고기능 분리막의 연구를 추진하고 있는 도오꾜대학의 다무라(田村) 연구실에는 이 방면의 기업 관계자들이 끊임없이 방문하고 있다.

"이렇게 방문객이 많아서야……. 화학섬유, 플랜트, 식품 등 일본의 기업체에서 받은 명함만도 300 장이 넘는다. 뿐만 아니라 브라질, 인도네시아, 필리핀 등의 여러 나라에서도 방문객이 오고 있다"고 다무라 조교수는 말한다.

도오꾜 록본기(六本木)에 있는 도오꾜대학 물성연구소(東京大學 物性研究所)에 있는 연구실을 방문한 것은

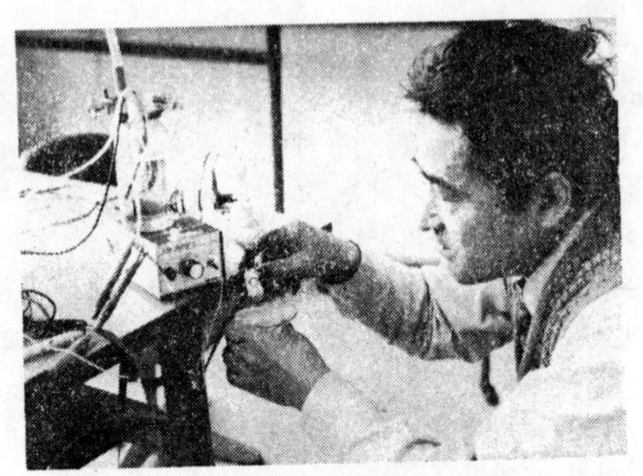

자신이 개발한 분리막을 사용하여 맥주로부터 93%의 에탄올을 추출하는 도오꾜대학 물성연구소의 다무라조교수.

토요일이었는데도, 연구소의 화학분석실장직을 맡고 있는 다무라(田村) 조교수는 브라질에서 방문한 손님에게 직접 실험을 해보이면서 설명을 하고 있는 중이었다. 끊임없는 방문객 때문에 약간 지친 표정을 하면서도 캔맥주를 꺼내어 다시 실험을 보여 주었다.

실험내용은 다음과 같다. 알콜 농도가 4.5%인 맥주를 2배로 희석하여 유리용기에 넣는다. 이 용액을 다무라 조교수가 개발한 플루오르계 소재의 다공질성 막에다 통과시키면, 농도가 93%인 에탄올을 수분 내에 분리하여 추출할 수 있다. 불을 대면 즉시 타버린다. 막의 표면에서 수분과 에탄올을 분리하기 때문에 초고주파의 전기장을 가해주고 있는데, 소비하는 에너지는 에탄올 1ℓ당 200~300 kcal로 종전의 증류법에 비하면 10분의 1 이하이다.

다무라 조교수는 이 분리막을 물성연구소의 배수처

리에 응용하고 있다. 이 분리막을 실제로 실용화할 경우에는 획기적인 에너지절약효과를 가져오게 될 것이다. 메탄올, 아세톤, 식초산 등 수용성 용액을 분리막으로 농축할 수 있게 되면 가열하거나 냉각하거나 하여 방대한 열을 사용하는 증류작업을 하지 않음으로써 막대한 에너지를 절약할 수 있게 될 것이다. 바닷물 속에 있는 우라늄을 농축하는데도 현재와 같은 대형 원심분리기로 정제, 농축할 필요가 없게 된다.

새로운 고기능성 분리막을 만들기 위한 연구는 미국에서도 많은 성과를 올리고 있다. 뒤퐁사의 수지제품 사업본부는 고기능성분리막을 이용하여 발효물 중의 수용성 물질을 분리함으로써 에탄올을 농축할 수 있을 것이라는 전제하에 연구를 서두르고 있다. 한편 얼라이드케미컬(Allied Chemical Co.)에서도 배기가스로부터 이산화황을 분리할 수 있는 고기능성 분리막의 연구에 총력을 기울이고 있다.

필요한 물질만을 선택적으로 분리해 내는 것이 고기능성 분리막이다. 분리방법에 따라서 몇 가지로 구별하는데 그 중에서 대표적인 것은 분자의 크기에 따라 분리하는 한외여과막(限外濾過膜)이다. 아주 작은 분자를 분리하는 막을 역삼투막(逆滲透膜)이라 하며, 이온상태로 분리하는 이온교환막, 농도차를 이용하여 분리하는 투석막(透析膜), 혼합가스를 분리하는 기체분리막(氣體分離膜) 등이 있다. 해수의 담수화에 사용하는 역삼투막과 같이 이미 실용화되어 있는 것도 있다.

"앞으로 10년 사이에 고기능성 분리막의 개발이 가속적으로 진행될 것이 틀림없다"고 일본의 미쯔비시 화성공업 부사장은 예언한다. 이 미쯔비시 화성공

해수로부터 담수를 만드는 뒤퐁의 역삼투압 투과장치

업에서는 실리콘계 고분자를 중점적으로 연구하는 한편, 플루오르계, 폴리술폰계, 폴리아크릴로니트릴계, 폴리메타아크릴계 등 생각할 수 있는 소재는 모조리 연구대상으로 하고 있다.

일본의 도오요 소다공업은 최근, 새로운 한외여과막의 개발에 성공하여 시험적으로 판매하고 있다. 친수성(親水性) 폴리머로 합성한 이 막은 소수성(疎水性) 물질이 갖는 흡착성이 없고, 막의 구멍의 크기가 균일하므로 구멍이 잘 막히지 않아 물질의 분리성이 매우 크다고 한다. 일본 국내와 외국에 특허를 신청중이라고 하는데, 이용분야는 뇌혈전치료 사용하는 등에 인뇨(人尿) 중의 효소 유로키나제의 농축·분리 등 의약공업에서부터 식품, 화학공업 등에 이르기까지 그 이용분야가 넓혀질 것 같다.

일본의 데이진(帝人), 아사히 유리 등이 연구를 추진하고 있는 산소부화막(酸素富化膜)이 있다. 이것은 기체분리막의 하나인데 공기 속에서부터 산소를 분리하여 농축한다. 예를들면 보일러의 공기주입구에 이 분리막을 붙이면 연소효율이 단번에 증가하게 된다. 자동차 엔진실에 들어가는 공기 대신에 산소부화공기를 주입하면, 엔진의 연료소비 효율이 상승하고 배기가스량을 대폭으로 줄일 수 있다.

플루오르계 소재를 원료로 한 막을 개발 중에 있는 아사히유리는 3년 이내에 의료용 분리막의 개발을 완성하고 다시 공업적 용도의 분리막을 개발할 예정이라고 한다.

한편 아사히 화성공업에서는 인공신장의 연장선 위에 인체 속의 생체막과 비슷한 기능을 가진 막을 개발할 계획이라고 한다. 벰베르크〔Bemberg(일명 큐프라 cupra)〕의 중공섬유(中空纖維)를 소재로 하는 아사히 화성공업의 인공신장은, 체내에서 꺼낸 혈액을 여과해서 요소와 크레아티닌(creatinine) 등 유독성 물질을 제거하는 기능을 가지고 있다. 이 방법을 응용하면 질병에 의하여 이상이 생긴 유독물질을 선택적으로 제거하는 고기능성 분리막을 개발할 날도 멀지 않다.

인공신장을 개발하고 있는 일본의 도오레이 연구소의 한 연구원은 분리막의 개발을 더욱 추진함으로써 암치료에도 도전하고 싶다고 포부를 말하고 있었다. 인간의 체내의 세포막은 상온·상압(常溫常壓)에서 필요한 것과 불필요한 것을 분리할 수 있는 기능을 가지고 있다. 그와 같은 생체의 신비에 한걸음 다가서려고 과학자들은 노력하고 있다. 여기에 또 한가지 물과 알

막의 종류 / 용도	역삼투막	한외 여과막	이온 교환막	투석막	기체 분리막	액체막
해수담수화	○					
함수담수화	○		○			
도시하수, 공업 배수의 재이용	○		○			
초순수 제조	○					
중금속 제거	○		○			○
펄프 배수처리	○		○			
식품배수처리	○	○				
유용중금속회수	○		○			
식품배수로부터 유효물 회수	○	○	○			
해수농축(제염)	○		○			
식품농축, 정제	○	○	○	○		
의약품 정제		○	○			
전기도장	○	○				
화약품 제조			○		○	
원자력 공업	○		○		○	
균, 미립자 제거	○					

고기능 분리막의 공업적 용도(일본 막 학회의 자료로부터)

콜을 분리하는 막이 첨가된다. 그렇게 되면 21세기 초에는 현재와 같은 석유화학 콤비나트에서 흔히 볼 수 있는 하늘을 찌를 듯한 증류탑이 불필요하게 된다고 도오레이의 기술정보실 주간은 말하고 있다.

도오레이, 미쯔비시 화성, 아사히 화성, 스미도모 화학공업, 데이진 등 5개 회사는 1980년에 '고기능성 고분자재료 협의회'를 발족시켰다. 이것을 모체로 하여 일본은 새로운 연구개발제도의 일환으로서 고기능성 분리막의 공동연구와 개발을 추진하고 있다. 이같이 함으로써 일본은 방대한 연구개발비를 투입하고 있는 미국이나 유럽 등의 대화학, 합섬 메이커들에 대항하려는 것이다.

"분리막의 연구에서는 우리 회사가 제일 앞서 있다고 생각하였는데, 다른 회사들이 예상한 것보다 훨씬 앞선 기술을 가지고 있다는 것을 알고 무척 당황했다. 이런 회사들과 10년 앞을 겨냥하여 서로의 연구기술을 공개해 나가는 것이므로 마음 든든하다"라고 어떤 회사의 간부는 말했다. 분리막은 섬유, 필름의 연장선상에 있는 첨단기술을 구사하는 무대인 만큼 화학, 합섬메이커들이 힘을 발휘할 만한 분야이다.

이온교환막에 대해서는 뒤퐁의 기술보다 앞서 있다고 자부하는 아사히 유리의 한 상무는 "분리막의 고기능화는 지금부터의 문제이다. 미·일이 평행선 상에 있다. 그러나 일본이 이 분야에서 앞설 가능성이 충분히 있다"고 예측한다. 막에 대한 기술을 제압하는 자가 내일의 화학공업을 제패할 수 있을 것이다.

연구·개발력의 승부

—구미와의 격차를 넘어서

"1913년에 칼 보슈(Karl Bosch)가 공중질소 고정법을 사용하여 세계에서 처음으로 합성암모니아를 공업화한 연구소가 저 건물이다"——서독 루드비히샤펜(Ludwigshafen)에 있는 BASF 본사의 공장 안내를 맡

서독 BASF의
플라스틱연구소

은 홍보담당관이 낡은 건물을 가리킨다. 역사에 '하버-보슈법'이라는 이름을 남겼고 근대화학공업에 햇빛을 보게 한 건물이다.

세계 최대(1979년도 매상고)의 화학회사인 BASF는 유럽 최대의 규모를 자랑하는 공장인만큼 그 규모와 역사적인 비중 때문에 압도되는 느낌이 든다. 라인강변을 따라 8㎞에 걸쳐 공장건물이 줄지어 있다. 건물수 1,500동 중에서 공장이 300동이고, 종업원은 5만명, 부지 안의 도로의 총연장 거리는 100㎞에 달한다. 본사 건물 근처에는 1865년에 창업한 염료 공장과 기초연구소, 응용기술부문의 건물들이 줄지어 있다. 지금 한창 인기를 끌고 있는 석유화학 플랜트도 장구

한 BASF의 역사에 미루어 본다면 '신참내기'에 지나지 않아 본사의 건물로부터 제일 먼 곳에 위치하고 있다.

"1980년의 연구개발비는 10억 마르크(약 4억 달러), 연구개발진 약 1만명 중에서 1,600명이 박사학위를 가진 과학자이다. 우리는 매년 300종 이상의 신제품을 시장에 내어놓고 있다"라고 특수수지 응용기술부문의 A·웨버 공학박사가 BASF 그룹의 연구개발활동을 자신있게 설명한다.

미국 최대의 화학회사인 뒤퐁 본사의 연구개발을 총괄하는 수석급 부사장에게 연구개발 체제의 개요를 질문하였다. "1981년의 예산은 5억 7천만 달러. 이 중의 80%는 8개의 사업본부가 응용개발과 장래의 제품개발에 사용하고, 나머지 20%는 전체적인 기초연구에 돌리고 있다. 세계의 72개 연구소에서 4천명의 과학자와 기술자가 일을 하고 있다."

—연구·개발능력의 자체 평가는?

"미국의 화학회사는 자체의 강력한 연구개발을 전개하고 있으며, 지금까지 수많은 새로운 제품을 개발하여 왔다. 해마다 1만건이나 되는 화학제품을 개발하고 있다. 다만 이 중에서 용도개발이나 이익면에서 기업화되는 것은 극히 일부에 지나지 않는다."

"장래의 이익은 현재의 연구개발에 달려있다"며 구미 각국의 대 화학회사들이 연구개발에 쏟는 열의가 대단하다는 것을 통감했다. 146페이지에 보인 도표에서와 같이 일본의 대화학회사들의 연구개발비는 총액에서나 판매고에 대한 비율에서나 모두 구미보다 훨씬 밑돌고 있다. 일본의 5대 화학공업회사의 연구개발비

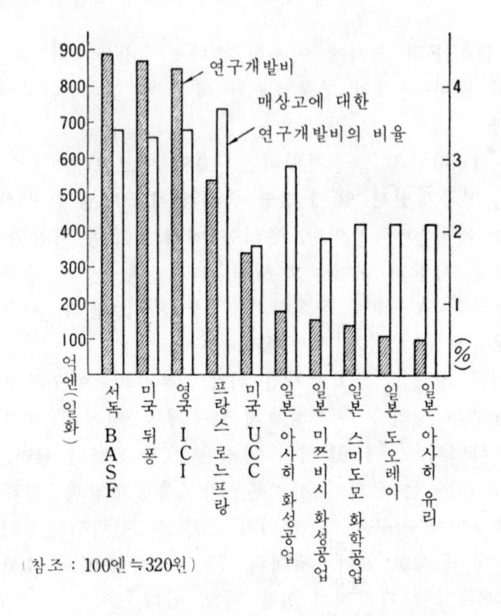

구·미·일의 대 화학회사의 연구개발비와 매상고에 대한 비율. (구미는 1979년, 일본은 1981년, 1달러=일화 210엔, 1마르크는 일화 100엔, 1파운드는 일화 460엔, 1프랑은 일화 42엔으로 환산)

를 전부 합쳐도 BASF나 뒤퐁 한개 회사의 연구개발비에도 미치지 못한다. 이것으로는 결코 경쟁을 할 수 없다.

일본의 도요다 자동차공업 본사는 미국의 뒤퐁이나 GE 등과 소재 개발면에서 깊은 교류관계를 갖고 있다. 동사의 전무는 그 이유를 다음과 같이 설명한다.

"앞으로의 화학소재에 대한 동향을 보려면 미국의 메이커를 보아야 한다. 우리는 특수한 수지재료를 찾고 있다. 일본에서는 뒤퐁의 케블라(Kevlar; 아라미드섬유)와 같은 독자적인 신재료를 만들지 못하고 있다"고 한다. 확실히 엔지니어링 플라스틱의 주된 품종은 모두 뒤퐁이나 GE 등 구미산이다. 더우기 기초적인 개발연구에 있어서는 미국 국방성에 의한 군사개발, NASA(미국 항공우주국)에 의한 우주개발, DOE(미국에너지성)에 의한 에너지절약 기술의 개발이라는 국가적인 차원에서의 강력한 지원을 무시할 수 없다.

GE의 1980년도의 연구개발비 15억 9천8백만 달러 중 자체지출은 7억 6천만달러(매상고에 대한 비율 3.0%)이며, 나머지 절반 남짓은 정부와의 계약에 의한 연구개발비이다. 세라믹스엔진의 개발은 DOE와 육군 등이 거액의 예산을 편성하여 추진하고 있으며, 서독에서도 정부기관인 항공우주연구소가 1974~1983년에 약 5천만 달러의 개발예산을 투입하고 있다.

하기는 "미국의 방식은 투자의 낭비를 각오하고서 하는 일종의 융단폭격"이며 연구의 '질'을 자랑하는 일본의 기업과는 다르다는 냉정한 관점도 있다. 그러나 "미국의 이런 낭비와 우회작전이 사실은 두려운 것"이라고 일본 통산성의 공업기술원 진흥과장은 말한다.

그는 또 "일본의 제품화단계의 산업기술은 초일류급이 되었다. 그러나 기초가 될 중간기술이 얼마나 태어났을까? 구미는 기초연구라는 유치원 과정에서부터 공부하기 시작하는데 비하여, 일본은 기술도입으로써 고등학교 과정에서부터 공부를 시작하여 효율적으로 제품개발의 최단거리를 달려온 셈이다. 그러나 구미의 산업기술을 위협할 만한 단계에 온 산업대국 일본이 된 오늘날에 와서는 스스로의 위험부담으로 신소재, 신기술을 기초부터 개발하지 않으면 안될 입장에 놓였다. 이제 외국이라는 표본이 없이 해나가야 할 시대가 온 것이다"라고 덧붙이고 있다.

일본은 기술개발면에서 일대 전환기에 직면하고 있다. 도입기술에의 의존이라는 종전의 노선을 연장한 대서는 도저히 기술입국이란 바랄 수가 없게 되었다는 일본 통산성의 이러한 위기감에서부터 1981 년부터 10년간 예정으로 신소재 개발 등을 주제로 한 '다음 세대에의 산업 기반기술의 개발연구제도'가 발족되었다.

일본의 화학공업은 구미에 비해서 기업규모가 작은 데다 매상고에 대한 연구개발비율이 낮고, 각 기업에서는 기초기술의 개발에 한계가 있다. 그러므로 국가가 조정역이 되어 민간의 연구개발력을 집결하여, 산업의 장래를 좌우할 신소재, 신기술을 개발하려는 것이다.

일본의 컴퓨터메이커 5개사는 통산성의 발의로 초 LSI(대규모 집적회로) 개발에 결속한 결과 거인인 IBM에 대항하는 길을 터놓았다. 일본의 대화학공업회사가 BASF, 뒤퐁 등의 구미의 대화학공업회사에 대항하기 위해서는 역시 각 기업체가 갖고 있는 힘을 집결하여 기술을 개발해 나가는 것이 가장 '안전한 지름길'이 될 것이다. 그것은 또 기술입국을 표방하는 일본이 21 세기에 자체기술로 소재혁명을 추진하기 위해서도 피할 수 없는 길이라고 하겠다.

III

극한을 탐구하는 전자재료

실리콘을 능가하는 것

— 조셉슨소자의 개발

"반도체산업에서는 앞으로는 반도체보다 절연체 쪽이 더 중요해질지 모른다." 유니온 카바이드(UCC) 사의 샌디에이고 공장에서 만난 전자부문 재료사업부장은 이와같이 말했다.

모든 물질을 전기적인 면에서 본다면 도체, 반도체, 절연체의 세 가지로 나눈다. 이 중에서 반도체가 전자혁명의 주역이라는 것은 이미 상식에 속한다. 그런데 눈부신 기술혁명 중에서 갑자기 절연체의 중요성이 부각되기 시작하였다.

예를 들면 미국은 현재, 절연체인 인공보석 사파이어 등을 기판으로 한 초고속 IC(집적회로)의 연구개발을 정력적으로 추진하고 있다. 펜타곤(국방성)에서는 휴즈 에어크래프트(Huse Aircraft), 로크웰 인터내셔널(Rockwell International), 제너럴 일렉트로닉(General Electronic), 웨스팅하우스(Westinghouse) 등 9개 회사에 개발경쟁을 시키고 있다. 한편 같은 절연체인 가돌리늄과 갈륨을 소재로 한 인공보석 가네트를 기판으로 하고, 실리콘 IC보다 훨씬 고밀도인 자기 버블메모리에 관한 연구도 빠른 속도로 진행되고 있다.

자기(磁氣) 버블메모리는 신뢰성이 높고 소형이므로 소비전력이 작을 뿐더러 전원을 절단해도 기억내용이 지워지지 않는 장점을 가지고 있다. 그러므로 일본에서는 이미 전화국의 요금 기억장치, 인공위성, NC(수치제어)장치 등에 사용하기 시작했다. 값이 더 싸지면 개인용 컴퓨터 등에 대량으로 사용하게 될 것이다.

자기 버블용 가네트는 일본에서는 신에쯔(信越)화학공업, 히다찌금속 등에서 생산단계에 들어갔는데, IC용 사파이어는 현시점에서는 세계적으로 UCC가 독점생산 체제하에 있다. 제2차 세계대전 중 기계의 축받이용 인공루비, 사파이어 생산에 착수한 것이 UCC의 크리스탈(결정) 사업의 시초라고 하는데, 최근의 전자혁명의 각광을 받아 1980년의 연간 매상고가 2억 5천만 달러에 이르는 전자재료사업으로 성장하였다. 일본에서는 도오시바 세라믹스 등이 UCC의 기술을 능가할 목표로 총력을 기울여 연구개발을 계속하고 있다.

반도체산업이 어느 날엔가는 절연체산업으로 되어버릴지도 모른다는 이야기인데, 이밖에도 신소재의 등장이 기존의 전자메이커들에게 큰 충격을 주게 된 예가 많다. 그런 예의 하나가 컴퓨터 분야이다.

빌딩의 대회의실 정도의 장소를 차지하고 있는 현재의 최신예 대형 컴퓨터보다도 50배나 고성능의 기능을 가진 것이 한 권의 사전만한 크기로 축소된다면……. 조셉슨(Josephson) 소자를 사용하면 실제로 그와 같은 컴퓨터가 가능해질 것이라고 IBM의 와트슨연구소(뉴욕주 요크타운하이츠)에서는 예언하고 있다.

조셉슨컴퓨터가 실용화되면 최소형으로도 인간과 같은 시각이나 회화능력을 가진 장치를 만들 수 있다. 인공위성이나 레이다가 수집하는 방대한 정보의 즉시 처리, 정확한 기상예측, 지진예측, 내진설계, 핵반응의 모의실험 등도 가능하다. 응용은 군사면에서부터 일상생

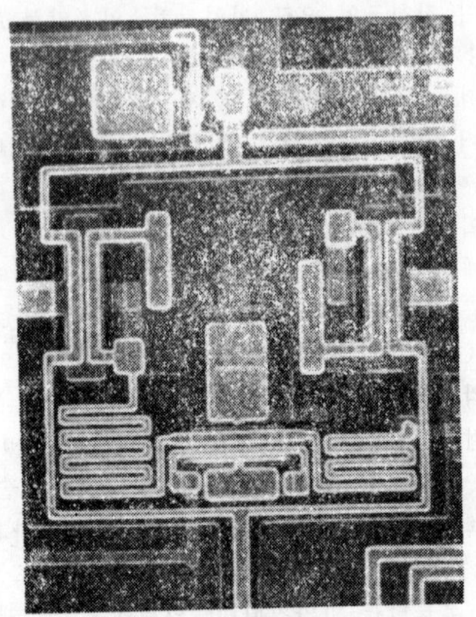

IBM이 납합금으로 만든 조셉슨소자의 현미경사진

활, 산업분야에까지 그 폭이 매우 넓고 다양하다.

조셉슨소자의 원리는 노벨상을 수상한 영국의 B.D. 조셉슨 박사가 1962년에 케임브리지 대학원생인 시절에 발표한 이론에 기초를 두고 있다. IBM에서는 조셉슨소자를 사용한 전가산기(全加算器), 승산기(乘算器), 시프트레지스터(shift register), 메모리 등 컴퓨터의 기본이 되는 부품을 조립하고 있다. IBM과 일본의 전신전화공사는 세계에 앞서, 1980년대 후반까지에는 조셉슨컴퓨터를 시험제작할 목표로 있다.

고집적화가 진전되고 있는 지금의 실리콘IC에 한계를 가져오는 것은 열이다. 수 ㎜ 각도의 실리콘 조

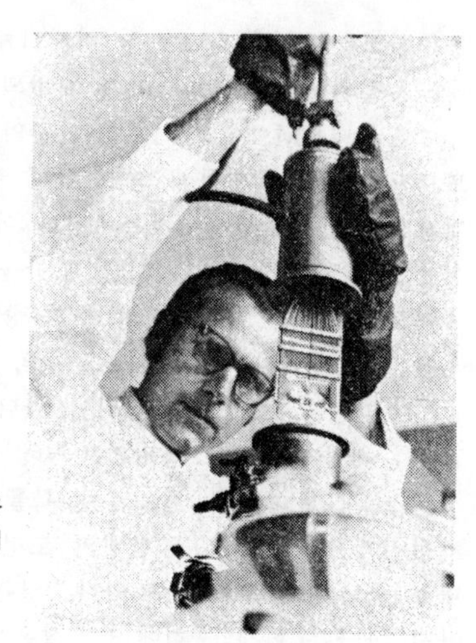

조셉슨소자를 극저온의 액체 헬륨 속에서 실험한다.

각에 심어넣는 소자를 10만개에서 100만개, 1,000만개로 증가시켜 가면, 개개의 소자에서 발생하는 열이 합쳐져서 실리콘을 녹여버릴 만한 고열이 된다. 그런데 조셉슨소자의 소비전력은 실리콘트랜지스터의 1,000분의 1 이하이므로, 발열이 작은 소형 컴퓨터를 만들 수 있다. 조셉슨소자는 액체헬륨에 넣어 극저온상태에서 사용하므로 열은 거의 문제가 되지 않는다.

그런데 이 극저온상태가 동시에 조셉슨소가의 난점이 되고 있다. 극저온 아래서의 초전도재료로 알려진 고순도 납을 소재로 했을 경우, 절대온도 0°K (영하 273°C)에 가까운 액체 헬륨으로부터 밖으로 꺼내면 급격한 온도차 때문에 금방 깨지게 된다. 납보다 단단한 니오브(Niob)라는 금속을 소재로 사용하는 편이

튼튼하고 좋지만 니오브를 미세하게 가공할 수 있는 내고온성의 감광재료가 아직 개발되어 있지 않다.

그래서 IBM에서는 10년 이상의 긴 세월에 걸친 노력 끝에 납과 인듐과 금으로 된 합금을 만들었다. 이것으로 만든 조셉슨소자는 영하 이백 수 십도로부터 실온으로 환원하는 열사이클 조작을 200회나 되풀이하여도, 고장이 100만개의 소자 중에서 1개라는 수준에 도달하였다. 그러나 오늘날의 대형 컴퓨터는 대충 10억개의 소자로 구성되어 있다. IBM의 '꿈의 합금'을 사용하더라도 냉각기로부터 한번만 꺼내는데 5개의 소자가 고장을 일으키는 확률이 된다.

전자재료 개발이 '극한에의 도전'이라는 것을 나타내는 좋은 예라고 할 수 있다. 일본의 교오또 대학의 어떤 교수는 한 연구회에서 "실온에서 사용할 수 있는 유기화합물로 된 초전도재료의 출현이 가능하다"고 말한바 있다. 그후 1개월도 채 되지 않아 미국의 IBM으로부터 "백만 달러 단위의 연구비를 제공할테니 그 재료개발을 위하여 본격적으로 연구를 하지 않겠는가?"라는 타진이 왔다는 일화가 있다. 조셉슨소자 분야에 150명의 연구원을 투입하고 있는 IBM에서조차 재료개발에 혈안이 되어 있다.

이 IBM은 1980년에 사리아드발 바사바이어 박사를 일본에 파견하여 일본 국내의 모든 연구기관을 돌아보았다. 그는 "우리는 조셉슨 컴퓨터라는 하나의 목적을 달성하기 위해 같은 배에 타고 있다. 함께 협력하여 이 배를 저어 나가자"고 호소하여 일본의 관계자를 놀라게 하였다. 세계의 최대 기업인 IBM 이라고 하더라도, 단일 회사만으로는 조셉슨컴퓨터를 실용화하기에는 너무나 부담이 크다는 것이다.

IBM이 개발한 납과 인듐 및 금의 합금 이외에, 일본의 공업기술원 전자기술 종합연구소가 질화니오브를, 전신전화공사의 전기통신연구소에서는 니오브·텔루르(Niob·Tellur)를, 또 이화학연구소(理硏)에서는 니오브·비스무트(Niob·Bismuth)를, 히다찌제작소 중앙연구소에서는 바나듐3실리콘(Vanadium 3 Silicon) 등을 재료로 하여 조셉슨소자의 미세한 회로를 만드는 연구를 추진하고 있다.

반대로 일본의 기업도 미국내에서 활발히 재료를 찾아다니고 있다. 오하이오주에 있는 세계적으로 유명한 싱크탱크, 바텔·콜룸부스(Battell·Columbus) 연구소는 물질과학부문에서는 '분자, 원자수준으로부터의 재료설계'가 본격화되어 있는데 광센서, 금속세라믹의 신제법, 초전도재료, 태양전지, 연료전지와 신소재의 관련 프로젝트를 일본의 기업으로부터 주문받아 극비로 추진중에 있고, 일본의 기업과의 계약이 급속히 불어나고 있다고 국제 섭외업무실장이 말했다.

새로운 전자 재료의 개발은 이와같이 세계의 전자산업을 주도하는 미·일 양국 관계자들의 최대 관심사이다. 일본의 니혼전기 기반기술연구소 기초연구부장은 "현재의 전자혁명은 소자와 회로의 결합체인 IC가 주역이지만 다음에 올 제2의 혁명은 소자의 기능자체를 지배하는 전자재료 분야에서 일어난다"라고 전망한다.

역시 일본의 마쯔시다 전기산업의 기술본부장은 "앞으로의 재료연구의 주류는 단말재료, 즉 입구에서 신호를 포착하는 센서재료와, 이것을 마이컴으로 처리하

분류예	재 료 예	응 용 례
초전도 재료	납, 니오브, 니오브·티탄	발전기, 모터, 자기부상열차
광전자 재료	석영, 유리, 실리콘, 게르마늄, 인듐·칼륨·비소·인	광통신, 광계측, 비디오디스크, 컴퓨터 단말
도전 재료	구리, 알루미늄, 은, 금, 나트륨	전선, 프린트배선, 단자
반도체 재료	실리콘, 게르마늄, 세레늄, 갈륨, 비소, 황화카드뮴	트랜지스터, 다이오드, 전자복사기, 사이리스터, IC
절연 재료	질소, 프레온, 운모, 세라믹스, 유리, 베이크라이트, 실리콘유	콘덴서, 애자, 변압기, 차단기
저항 재료	니크롬, 탄타르, 망간, 콘스탄단, 흑연	저항기, 전위차계, 전기로, 전기곤로, 트랜스듀서
자심 재료	순철, 퍼마로이, 규소강	변압기, 모터, 발전기, 계전기
자석 재료	KS강, MK강, 펠라이트, 알니코	자기헤드, 스피커, 카트리지
측온 재료	백금, 니켈, 백금로듐	열전대, 온도조절, 온도계측
접합 재료	실납, 은납, 알루미늄실납	부품의 배선, 조립, 전선접합
퓨즈 재료	주석, 납, 은, 베터황동	전력퓨즈, 온도퓨즈
접점 재료	금, 은, 백금, 텅스텐	스위치, 잭, 계전기, 교환기
전자관 재료	텅스텐, 몰리브덴, 니켈	진공관, 방전관, X선관, 브라운관

주요 전자재료의 분류와 응용례

여 결과를 나타내는 표시재료가 될 것이다"라고 단언한다. 그래서 마쯔시다 전기산업에서는 센서위원회를 발족시켜 무선연구소와 기타 중간연구소에 분산되어 있던 재료부문을 통합하여 재료연구소를 설치하였다.

'재료의 연구개발과 응용'을 전체 회사의 중심과제로 삼고 있는 도오쿄 시바우라전기(東京芝浦電氣) 는 재료연구소를 다시 금속세라믹 재료연구소와 화학재료연구소로 분리하였다. 즉 종합연구소 안에 재료 응용기술센터를 설치하는 동시에 모든 사업부에도 재료 응용기술센터를 두었다. 또 1980년부터는 금속재료 사업부 이외에 자회사인 도오시바 케미컬, 도오시바 유리, 도오시바 실리콘, 도오시바 탕가로이, 도오시바 세라믹스를 전부 총괄하는 자료본부를 발족시켰다.

"앞으로 전자의 기술혁신을 짊어질 주역은 바로 재료"라는 인식은 바야흐로 전세계의 공통적인 관심사이며 전자기기 메이커나, 전자부품 메이커에게 소재를 제공할 입장에 있는 비철금속이나 화학 메이커를 폭넓게 포용해 가면서 전자재료혁명은 초스피드로 진행되고 있다.

사전에도 실린 '오보닉'

― 아모르퍼스 전문의 개발회사

'오보닉'(Ovonic)이라는 이상한 단어가 '웹스터 뉴월드 사전'에 기재되어 있다. 유리를 구성하는 분자들의 무질서한 배열상태를 가리키는 '아모르퍼스'(비결정질)라는 말과 동일한 뜻의 말이다. 미국의 저명한 사전에 실릴 정도로 중요해진 이 말은 아모르퍼스재료의 유용성을 20년간이나 주장하고 있는 스탠포드 R. 오브신스키(Stanford R.Ovshinsky)의 이름과 일렉트로닉스(Electronics)라는 단어를 합성하여 만든 것이다. 값싼 아모르퍼스 태양전지의 개발을 목표로 오브신스키씨가 설립한 재료개발 회사인 ECD(Energy conversion device)는 일약 세계의 주목을 받게 되었다.

자동차의 도시인 디트로이트에서 자동차로 한 시간쯤 가면 트로이라는 조용한 마을에 ECD가 있다. 종업원 250명 전원이 연구개발에 종사하고 있으며, 박사학위 소지자만도 60명이나 된다. 일본사람 3명을 포함한 동양인, 아랍인, 유럽인 등 연구원의 출신국은 각양각색이다. "여기는 미니 UN입니다"라고 말하면서 지배인이 웃는다.

즉시 개발 현장을 돌아보기로 하였다. 먼저 EEPROM(Electrically Erasable and Programmable ROM: 전기로 기록하여 읽을 수 있는 기억장치)이 전시되어 있다. 바로스사와 공동개발한 것이다. 일본의 샤프(Sharp) 사에서도 특허를 사들여 생산을 계획하고 있다. LED(발광다이오드)를 표시장치에 배열한 것인데, 여기에 적당한 모양을 만들어 기억시킨 다음, 콘센트를 빼고 일단 전원을 끈 다음에 다시 전원을 넣었더니, 기억시켰던 것이 다시 나타난다. 기억내용이 즉시 기록된다. 집적된 각 소자는 전류를 통하면 순간적으로 결정 상태와 비결정상태로 변하면서 기억하는 장치이다.

이상한 마이크로피시(micro-fiche)도 완성하고 있었다. 이것은 필름 표면에 어떤 종류의 아모르퍼스재료의 막을 만든 것이다. 옆에 있는 잡지의 한 페이지를 피시에 기억시켰다. 3M회사제의 장치로 이것을 다시 복사하자마자 동시에 끄집어 냈다. 현상할 필요가 없었다. 다시 피시를 장치에 넣고 이번에는 잡지 위에 손목시계를 놓았다. 감광시키자마자 동시에 같은 화면에 손목시계가 복사되어 있다. 같은 화면을 몇번이고 고쳐 쓸 수 있고 피시 끝으로부터 언제나 필요한 때에 추가로 복사할 수 있다. 이것은 A.B. 디크(Dick)사가 상품화를 서두르고 있다. 컴퓨터의 정보나 텔리비전화면을 직접 마이크로피시로 하는 장치(COM: Computer Output Microfilm)도 개발중이라고 한다.

필름에서는 이밖에도 현상이 필요없고, 해상력이 1㎜당 1,200개인 흑백필름 'ECD 192'가 있다. 이 특허를 서독의 아그파-게바르트(Agfa-Gevaert)사와 일본의 아사히 화성공업이 샀다. 간단하게 습식 현상을 하는 'ECD 902'는 흑백의 선명한 콘트라스트를 가졌으며 미술제판 등의 그래픽아트용에 사용한다. 이 특허는 아그파 게바르트사와 일본의 후지필름이 제공받고 있다. 이 필름들은 오보닉재료로 되어 있으며 은은 사용하지 않고 있다. ECD에서는 제품을 만들지 않는다. 소재를 연구·개발한 다음 그 특허와 기술을 파는데 그친다. 또는 기술을 출자하는 형식으로 합자회사를 만든다. 이것이 이 회사가 하는 방법이다. IBM에 판 특허도 있다.

인도인인 J. 자데프 박사와 대만인 조수는 열로부터 직접 전기를 얻는 재료를 연구중이었다. 이 재료의 한쪽을 물에 담그고 다른 쪽을 버너로 가열하면, 작은 모터에 전류가 흘러 풍차가 뱅글뱅글 돌아간다. 온도는 저온쪽이 13℃이고 고온쪽이 66℃이다. 전압은 280볼트를 가리키고 있다. 이것이 실용화하면 자동차의 폐열이나 난방의 여열로부터도 금방 전기를 끌어낼 수 있다고 한다. 이 재료는 어떤 종류의 무질서한 분자배열을 하고 있는 것이라고 한다.

ECD가 지금까지 조사연구한 재료는 대충 1만종을 넘는다고 한다. 아모르퍼스의 초전도재료의 연구도 이미 시작하고 있었다. 각 연구실에는 일본의 니혼 전자에서 만든 투과형과 주사형 전자현미경을 비롯하여 퍼킨·엘마사, GCA사, 데이터·제너럴사, 삼코사 등의 각종 분석장치와 실험장치 등이 배치되어 있었다. 대학 연구실에서 부러워할 장치들이 많이 있다.

인도인인 어여쁜 과학자 크리슈너 사플 박사는 "수소흡수재료, 촉매, 전해질의 재료개발에 실마리가 잡혔다"고 한다. 이것들을 조합하여 오보닉재료에 의한 연료전지를 설계 중인데 태양전지, 열전지 등으로부터 시작하여 수소흡수재료, 연료전지까지 만들어지면 태양에너지를 이용하여 완전한 수소이용 사이클을 만들 수 있다. "우리는 가까운 장래에 인류의 에너지문제를 해결하게 될 것이다"라고 크리슈너씨는 조용하면서도 자신만만하게 말하고 있다. 오브신스키 사장도 "석유메이저가 세계를 힘으로 지배하는 시대도 얼마 가지 않을 것이며, 남북문제(북반구의 선진공업국과 남반구의 후진국 사이의 경제적 격차로 생기는 문제)도 멀지않아 해결될 것이다"라고 온화하게 말한다. 오브신스키씨는 금년에 61세이다. 그는 대학을 나오지는 않았지만, 인간의 뇌의 기억메카니즘에 흥미를 가져 이미 오래 전부터 아모르퍼스의 유용성에 관심을 가졌다. 이와 같은 그의 불가사의한 인간적인 매력에 끌려 세계 각지에서 수많은 과학자와 기술자들이 모여들고 있다.

20년 전부터 근무해 오는 한 간부는 이렇게 말한다. "오브신스키씨는 이미 20년 전에 에너지 문제에 착안하였다. 그리고 에너지 위기가 닥쳐왔다. 그가 백금 촉매나 필름에 사용하는 은을 대치할 수 있는 재료를 찾기 시작했더니 귀금속의 국제가격이 폭등했다. 그는 앞날을 내다보는 비상한 능력을 가졌다"라고 말한다. ECD라는 회사는 지나치게 실험적이기 때문에 아직은 무엇이 될는지 모르는 일면이 있기는 하지만, 그러나 신소재의 개발로 틀림없이 무엇인가를 이룩할 것이라는 예감을 던져 주었다.

전자기술을 뒷받침하는 화학재료

-기술혁신의 숨은 일꾼

서독 뮌헨에 본사가 있는 세계 제2의 종합전기메이커, 지멘스(Siemens)의 중앙기술본부. "1960년대에는 전자제품에 이와같이 많은 플라스틱을 사용하리라고는 생각조차하지도 못했다"고 중앙 제조관리부의 J.베드나르츠 박사는 말하면서 당면과제를 다음과 같이 말한다.

"플라스틱의 기능을 극한까지 연구하여 전자재료로서 어떻게 활용하느냐가 문제이다. 예를들면 재료의 치수가 점점 작아지면서 재료 자체의 내열성이 특히 중요한 문제로 대두된다. 우리는 엔지니어링 플라스틱의 폴리페닐렌설파이드(polyphenylene sulfide)를 개발한 미국의 필립스 석유와 마이컴용의 초내열성 수지를 공

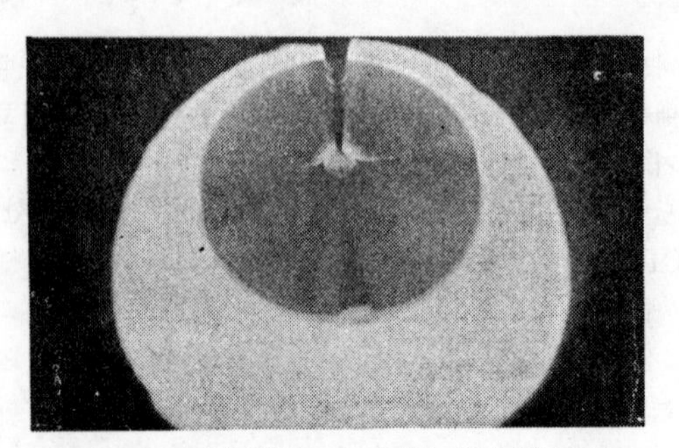

신에쯔 반도체가 CZ법으로 단결정 실리콘을 만드는 공정

동개발하고 있는 것을 비롯하여, 미국의 뒤퐁, 프랑스의 로느·프랑, 영국의 ICI 등과 공동작업을 추진하고 있다."

런던 교외의 영국 ICI 수지사업본부에서 이 회사가 개발한 엔지니어링 플라스틱인 폴리에테르설폰(polyether sulfon) 수지 담당자는 지멘스의 베드나르츠 박사의 이야기를 이어받는 듯이 "확실히 전자부품은 중요한 시장이다. 200℃에 가까운 고온 아래서 연속 사용할 수 있는 폴리에테르설폰의 약 30%는 전자제품용이므로 최대의 시장이다. 예를 들면 컴퓨터용 서큘러코넥터(circular connector), 코일포머(coilformer), 프린트회로용 코넥터 등에 사용되고 있다"고 말한다.

전자기술혁명을 떠받치는 소재로서 화학계 소재의 중요성이 자꾸만 높아지고 있다. 마이크로컴퓨터 혁명의 주역이라고 할 수 있는 실리콘기판을 선두로 각종 엔지니어링 플라스틱, 수지 성형품(樹脂 成型品), 필름, 세라믹스 등이 반도체의 보호, 프린트기판, 절연재료

초LSI의 '현관'이라고 일컬어지는 64K 메모리. 4.3×7.6mm 면적에 약 15만개의 소자가 집적되어 있다.

등 모든 분야에서 활약하고 있다. 반도체의 고집적화, 전자제품의 소형화, 박형화(薄型化)를 가능하게 한 '숨은 주역'이라고도 말할 수 있다.

"소재메이커는 하루만 게을리해도 낙오하게 된다"고 일본의 최대 반도체 메이커이자 세계적인 전자 메이커인 니혼전기의 초 LSI 개발본부장은 잘라 말한다. 그리고 "우리는 IC(집적회로)의 고집적화에 수반하여 소재메이커에게 자꾸만 우수한 소재를 개량하도록 요구하고 있기 때문"이라고 덧붙이고 있다.

LSI(대규모 집적회로)의 고집적화는 예상외로 빠르게 이루어지고 있다. 현재 16K(킬로비트, 기억용량의 단위)를 대신하는 '초 LSI 의 입구'라고 하는 64K가 1984년까지는 보급될 것이고, 다시 4~5년 후에는 256K시대에 돌입하게 될 전망이다. 회로의 미세화도 마이크론단위로 진행한다. 64K의 2.5~3.0 마이크론에서 256K의 1.5마이크론, 다시 1M(메가비트, 1,000

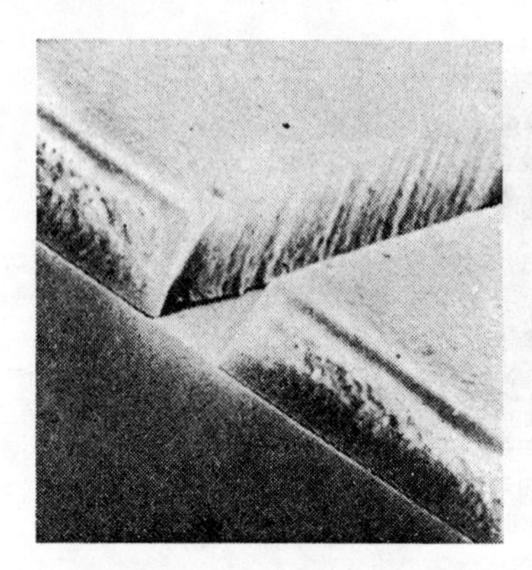

64K 메모리에서는 회로식각은 3마이크론 이하의 미세성이 요구된다(식각된 레지스트의 확대사진).

K)에서는 1마이크론 이하로 미세화한다. 여기에 따라서 회로를 사진으로 부식시켜 새기는데 사용하는 레지스트(감광수지)도 보다 고기능인 것이 필요하게 된다.

256K가 되면 진공하에 플라즈마에칭(plasma etching)을 하게 되며 레지스트도 고감도이고 플라즈마에 침식되지 않는 것이 필요하다. 256K 시대는 아직도 먼 장래의 일이라고 할 수 있는데도 소재메이커의 대응은 아주 빠르다.

일본의 도오요 소오다공업은 최근 클로로메틸화 폴리스틸렌으로 초LSI용 레지스트(네가티브형)를 기업화하는데 성공하였다. 256 K에 대응할 수 있는 이 레지스트에 대하여 이 회사의 과학계측사업 개발부장은 "0.3마이크론의 회로제작이 가능하고 4염화탄소플라즈마에 대하여 알루미늄의 5배의 내성이 있다"고 자랑한다. 또 일본의 도오레이도 256K 시대의 전자선 레지스트개발에 성공하였다. 일본의 전자산업이 세계의 최첨단으로 돌진하여 '일렉트로닉스 일본'을 쌓아

올려 놓고 있는 만큼 소재메이커들도 필사적으로 세계 최고의 수준에 도전하고 있다.

전자재료의 '새얼굴'의 등장은 이제는 예사로운 일이 되었다. "종전의 에폭시수지의 분자구조 안에 전기특성이 좋은 고무모양의 골격쇄(骨格鎖)를 삽입하여 유연하면서도 열변화에 강한 새로운 에폭시수지를 개발" 했는가 하면, "세계에서 최초로 종이기재, 불포화 폴리에스테르 수지로 된 프린트기판을 개발하였다"고 한다.

실리콘의 다음 세대의 기억소재라고 일컬어지는 GGG(가돌리늄·갈륨·가네트)는 가돌리늄, 갈륨, 산소가 보석인 가네트(석류석)와 같은 결정구조를 가지고 있고, 실리콘과 마찬가지로 단결정을 얇은 원판으로 만들어 사용한다. 이 원판 표면에 특수한 박막을 만들어 자계안에 놓으면, 거품처럼 작고 둥글게 자화된 부분이 만들어졌다가 없어졌다가 하는 성질을 기억장치에 이용한다. 이 때문에 이 GGG에 의한 메모리를 '자기버블 메모리'라고 부른다.

자기버블 메모리의 특징은 전원을 절단해도 거품이 남기 때문에 기억내용이 지워지지 않을 뿐더러 기억용량이 실리콘에 비하여 비교가 안될 만큼 크다. 실리콘으로는 현재 64 K가 실용화되고 있지만, 다음 세대인 256 K와, 다시 그 다음에 올 1M의 기억용량을 이 GGG가 이미 가능하게 만들어 놓고 있다. 대형 컴퓨터용을 겨냥하여 4M, 10 M 등의 기억용량을 가진 초·초LSI 의 개발도 이미 추진하고 있다.

GGG의 사업화에 총력을 기울이고 있다는 파리 중심부의 몬테뉴로에 위치한 로느·프랑을 방문하였다.

"우리 회사는 고순도 희토류의 세계적인 메이커이다. GGG의 세계시장의 규모는 80년대 후반에는 연간 10억달러에 달할 것으로 보고 있는데, 그 중의 12%를 공급할 목표이다"라고 이 회사의 해외정보 담당관은 말한다. 이 회사는 전자재료의 해외 의존을 탈피하기 위한 정부의 방침으로, 프랑스 원자력에너지청과 합자회사 '크리스마텍'을 설립하여 1981년 후반부터 본격적인 GGG생산을 시작하고 있다.

한편 일본에서는 실리콘기판에서 50%에 가까운 시장점유율을 가지고 있는 신에쯔(信越)화학공업이 GGG의 생산판매에 나서고 있는 이외에도 히다찌 금속, 스미도모 금속광산, 도오호꾸 금속공업, 도오쿄 전기화학공업 등이 참가하여 전국시대를 방불케 하고 있다. 화학업계로부터는 종합화학의 정상급인 미쯔비시 화성공업이 1981년부터 국산화를 서둘렀고 또 쇼와(昭和)전공도 1984년부터 생산을 목표로 미국기업과 기술제휴에 들어갔다.

"신소재가 기술을 혁신한다"라고 하는 80년대. "세계의 화학메이커는 '현재는 물론 미래도 전자공업과 결부하여야' 발전할 수 있다"고 로느·프랑의 한 간부는 말하고 있다.

악조건 아래서 움직이는 컴퓨터

-주목을 끄는 내환경 강화소자

실리콘 밸리(미국 캘리포니아주)의 IC 전문 메이커들이 일본의 반도체산업의 경이적인 발전에 놀라서 경계를 강화하고 있는 가운데, 이와는 반대로 놀라운 기색도 없는 한 무리의 기업체가 있었다. 로크웰·인터내셔널, 휴즈·에어크래프트, TRW 등 우주, 항공, 방위분야 제품을 만드는 반도체 메이커들이다.

여기서 만드는 반도체는 충격, 고온, 방사선 등 조건이 매우 가혹한 환경에서 사용하는 것 들이다. 그러므로 이 분야의 반도체메이커는 펜타곤(미국 국방성), NASA(미국 항공우주국)의 보호 아래 세계에서 가장 우수한 기술을 축적해 왔다.

극한상태에서의 반도체기술도 실리콘이라는 재료에만 의존하는 데는 한계가 보이기 시작했다. 예를들면 NASA의 추정으로는 현재 1개의 인공위성을 처리하는데 필요한 데이터량은 연간 10조비트(비트는 정보의 최소단위). 5년 이내에는 이것의 1,000배 정도의 정보처리가 필요하게 될 것이라고 한다. 그렇다고 하여 인공위성에 빌딩 한 층 정도의 장소를 차지하는 크기의 대형 컴퓨터를 싣고 갈 수는 없는 일이다.

이 기술의 벽을 돌파하는 신소재로서 최근에 갑자기 주목을 끌고 있는 것이 인공보석 사파이어를 기판으로 하는 IC나 화합물 반도체 갈륨비소를 사용하는 IC

인공위성에 적재하는 컴퓨터에는 방사선에 대한 내성도 요구된다. (미국 휴즈 에어크래프트사에서)

등이다. 미국에서도 아직 이와같은 신소재를 본격적으로 구사할만한 기술은 개발하지 못하고 있다. 일본이 이같은 기회에 잠자코 팔짱만 끼고 있을 턱이 없다. '신소재 IC'라는 출발점에서 동시에 출발한다면 극한 조건 아래서의 컴퓨터 기술의 차이를 단번에 줄일 수 있는 절호의 기회가 될 수 있다.

환경변화에 매우 민감한 현재의 컴퓨터에 비하여 이와 같은 '내환경 강화소자(耐環境强化素子)'로 구성되는 컴퓨터의 응용범위는 훨씬 광범위하다. 인공위성, 우주로키트, 항공기, 원자로, 방사성 폐기물처리, 해양개발,

통신용무인국, 해저케이블, 로보트, 공작기계 등에 장비하여 위력을 발휘할 수 있다.

일본의 통산성이 신기능 소자프로젝트의 하나로서 1981년도부터 개발하기 시작한 내환경 강화소자의 목표는 다음과 같다.

먼저 기계진동에 대한 내구력은 현재의 산업용 IC의 2배인 40G(G는 가속도의 단위)로, 기계충격에 대해서도 2배인 3,000G에 견딜 수 있게 한다. 방사선에 대한 내구성도 10만개의 소자를 집적하여 만든 초LSI로 10의 4제곱 내지 5제곱 라드(라드는 방사선량의 단위)로 현재의 10배에서 100배 정도, 작동하는 온도한계는 30℃ 정도가 높은 150℃까지이다. 이 프로젝트에는 도오꾜 시바우라전기, 미쯔비시전기, 니혼전기 등 이른바 3대 메이커들이 큰 관심을 보이고 있다.

방사선을 실리콘에 조사하면 전자의 흐름이 교란되어 잡음, 오동작 등을 일으키는 원인이 된다. 사파이어기판은 정확하게는 SOS(Silicone On Sapphire)라고 부르는데, 사파이어의 표면에 얇게 실리콘의 막을 형성시킨 것이다. 이것이라면 절연체의 사파이어 부분에 전자가 흐르지 않으므로 잡음이 최소한으로 억제된다. 더우기 표준 N·MOS(금속산화막 반도체)보다 SOS는 전자의 속도가 3.75배이고 소비전력은 15분의 1, 가능한 집적도가 1.75배라는 아주 우수한 성질을 가지고 있다. 결점으로는 기판값이 실리콘보다 몇배 비싸다는 점이다.

"수년 전에 우리 회사에서도 SOS·IC의 사용을 고려했었다"라고 휴즈·에어크래프트의 우주통신부문

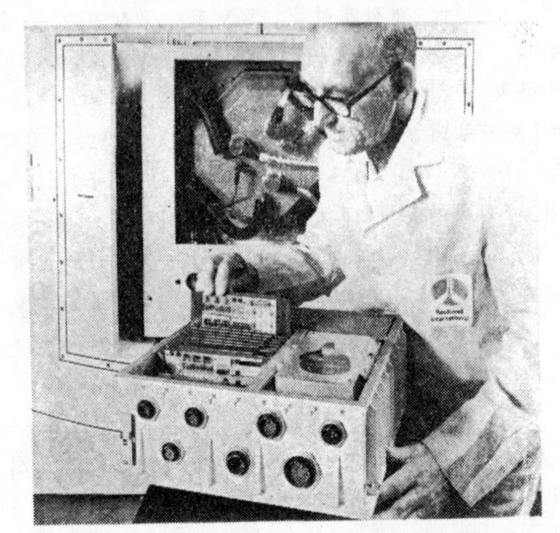

미사일X용 컴퓨터는 작으면서도 단단한 구조로 되어 어 있다. (미국 로크웰·인터내셔널사)

의 담당자는 말한다. 그러나 당시에는 소재로서의 SOS 결정이 충분히 좋은 것이 아직 만들어지지 못하였다고 한다. 그런데 최근에는 결정표면의 레이저 가공기술이 향상되어 재료로서의 전망이 단번에 유망하게 되었다고 하며 "레이다에서는 이미 갈륨비소를 사용하기 시작하고 있다"고 이 회사의 레이다 부문의 담당자는 자신을 보인다. 동사에서는 F/A18을 비롯한 최신 레이다에 갈륨비소를 채용할 계획이라고 한다. 갈륨비소는 반절연성의 기판인데 이온 생성이나, 표면에 얇은 결정을 성장시키는 기술로 활성화하여 반도체로서 사용한다. 갈륨비소 내에서 전자가 움직이는 속도는 실리콘에서보다 6배나 빠르다. 이런 효과 때문에 고속소자로 쓸 수 있다. 소비전력이 적고,방사선의 손상에 강하며, 작동온도 범위가 넓다는 특징을 가지고 있다. 그런데 문제는 이 결정을 만드는 것이 힘들다는 것이다. 고순도의 실리콘단결정보다 결정결함(분자배열의 교란)이 무척이나 많기 때문이다.

로크웰·인터내셔널사는 제조하기 힘든 갈륨비소를 구사하여 8×8 비트의 곱셈기, 500 게이트의 시프트레지스터 등의 고집적 IC를 연달아 발표하고 있다. 전에는 지름이 2.54㎝의 결정을 만드는 것이 고작이었는데 최근에는 5～7.6㎝인 것도 만들 수 있게 되었다고 한다. 이 회사는 우주왕복선의 주된 납품업자인데, 점보비행기회사에서 다음에 만들 여객기인 보잉 757, 767에 사용할 자동조종 컴퓨터, 미사일용 컴퓨터 등도 개발중에 있다. 여기에는 SOS와 IC를 사용할 생각이다.

이와 같은 최첨단 소재의 개발과 동시에 미국은 한가지 기술의 성숙이라는 점에서도 커다란 포용력을 가지고 있다. 우주왕복선의 컴퓨터는 IBM에서 생산하는 'AP101'을 사용하고 있는데 이것에는 IC 기억소자를 사용하고 있지 않다. 일본에서는 이미 수년 전에 생산을 중지한 자기(磁氣) 코어 메모리라고 하는 고전적인 재료를 사용하고 있다. 우주에서는 단 한개의 부품에 고장이 나도 큰일이다. "우리는 한대의 컴퓨터의 신뢰성 시험에만도 5년이라는 세월을 들인다"고 NASA의 한 간부는 말하고 있다. 첨단기술과 고전적인 재료의 조화가 이루어짐으로써 비로소 위대한 작품이 이루어질 수 있는 것이다.

실리콘 소재의 극한을 추구

─관민 일체로 초LSI를 개발

거대한 5각형의 펜타곤 건물 속에서 방문한 기자에게 VHSIC 총괄책임자는 다음과 같이 말한다. "VHSIC(초고속 집적회로)라는 것은 System on a silicon chip을 말한다. 이 말에는 아주 함축성이 있다"

그것은 실리콘결정이라는 한 조각의 흔한 소재 위에 현재 생각할 수 있는 모든 극한기술을 총동원하여 초고속 대형 컴퓨터의 기능을 실현시키려는 구상이다.

미국의 육·해·공군을 통괄하는 국방성이 왜 이와같은 한개의 실리콘칩의 개발에 뛰어들었을까? 한마디로 말한다면 소련의 위협에 대처하기 위해서이다. 소련은 미국이 생각한 것보다 훨씬 빠른 속도로 전자기술을 발전시키고 있기 때문이다. 실제로 미국의 마이크로컴퓨터의 톱메이커인 인텔의 8비트 마이크로컴퓨터와 거의 같은 성능의 제품이 소련에서 생산되고 있다는 보고가 있다.

현대전쟁에서는 초정밀한 공격이 전략의 생명이다. 개발의 계기가 된 것은 베트남전쟁이었다. 댐을 파괴하지 않고 인접한 발전소만을 파괴할 목적으로 텔리비전 카메라를 적재한 스마트폭탄을 사용하였었다. 이 효율적인 공격결과에 대하여 군관계자들은 깜짝 놀랐다. 오늘 날에는 공격목표가 어느 한 지점이라기보다는 하나의 건물, 더 나아가서는 이 건물의 어느 창문이라

기업체명	발주자
휴즈·에어 그래프트	육군
시그네틱스	
바로스	
드라이앵글 연구소	
코넬대학	
스탠포드대학	
로스앤잴러스대학 캘리포니아분교	
텍사스 인스트루먼트	육군
TRW	해군
모토로라	
스패리·유니팩	
GCA 맨	
IBM	해군
노드 롭	
웨스팅 하우스 일렉트로닉	공군
내셔널 세미콘덕터	
콘트롤 데이터	
해리스·일렉트로닉	
메론연구소	
보잉·에어로스페이스	
하네웰	공군
3M	

VHSIC 단계Ⅰ의 계약에 성공한 6개 그룹

고 지적될만큼 고도의 정밀성이 요구되게 되었다.

인류를 전멸시킬 우려가 있는 전면전쟁으로의 방아쇠는 이제 서로가 당길 수 없게 되었다. 그렇게 되면 전면적인 파괴를 피하고 레이다망을 뚫고 나가, 어느 특정한 원자로만을 파괴할 필요가 생긴다. 또 통신망이나 주요 금융기관 등의 극히 중요한 부분만을 사용불가능하게 한다면 그것만으로도 사회기능이 마비될 것이다. 이와 같은 목적하에 VHSIC를 장치하고 있

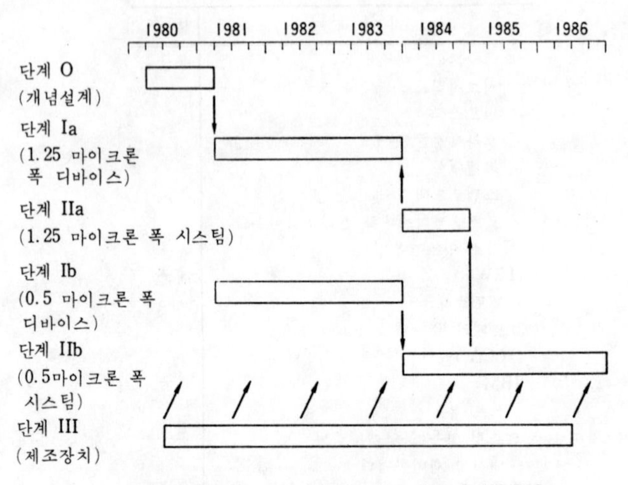

펜타곤의 VHSIC개발 스케줄(개발비 총액 2억 2,500만달러)

는 무기를 지능무기(知能武器)라고 부른다.

VHSIC의 용도를 좀 더 구체적으로 살펴보기로 하자. 먼저 적외선 데이터를 화상화(畵像化)하여 미사일을 유도하는 장치, 잠수함의 초음파 탐지기에 접속할 해석장치, 대(對)잠수함 초계기의 개구합성(開口合成)레이다의 데이터를 즉시 영상화하는 장치 등, 현재의 이런 장치는 프로세스부분에 한계성이 있기 때문에 보다 고속이고 최소형의 프로세스가 필요하다. 또 야전용 통신암호화와 암호해독기도 필요하다. 현재 사용되고 있는 것은 중량이 약 9kg인데 이것이 VHSIC로 대치된다면 호주머니에도 들어갈 수 있다. 미래의 전투기나 군용 인공위성에 요구되는 컴퓨터는 적어도 매초

30 억의 명령을 처리해야 한다. 이것을 현재의 컴퓨터기술로 만든다면 중량이 10 톤, 소비전력이 100 kW 가 필요하게 된다. 미국의 육·해·공군은 VHSIC의 용도를 적어도 19개의 이용분야로 보고 있다.

또 고집적의 IC 화는 원가절감, 신뢰성의 향상 등에도 효과가 있다. 1975 년에 만든 인공위성은 1,000만개의 트랜지스터를 사용하였고 전원가격은 W당 2,000 달러, 위성 본체의 비용은 kg 당 5,000 달러나 들었다. 이것을 IC 화하면 위성 1개당 2,000 만달러가 절약되고 신뢰성도 크게 향상된다. VHSIC 로 만든다면 그 차이는 더 커진다는 것이다.

펜타곤은 1962년 미니트맨 미사일에 IC를 사용한 이래 미국 반도체산업의 육성자가 되었다. 그러나 1980 년 펜타곤관계의 수요는 미국 반도체생산의 7%에 지나지 않으며 그 비율은 해마다 감소하고 있다. 그 원인으로는 민간수요가 압도적으로 많아져서 펜타곤의 영향력이 약해졌기 때문이다. 그런데 일본은 통산성이 주도하는 초LSI(대규모 집적회로) 개발계획의 성과로 말미암아 미세 가공기술이 일거에 미국과 어깨를 나란히 할 수 있게 되었다. 이 충격으로 미국 반도체메이커는 거국일치로 다시 일본과의 격차를 두려하고 있다. 그래서 미국 관민의 이해가 일치된 것이 VHSIC 프로젝트이다.

일본의 초 LSI 와 미국의 VHSIC 의 차이점과 유사점은 무엇인가?

초LSI 에서는 메모리를 개발하여 이것을 일반용 컴퓨터로 사용하는 것이 목적이었고, 미국의 IBM을 경쟁 목표로 삼았었다. VHSIC 에서는 아주 고속인 마이크로 컴퓨터를 설계하여 이것을 내장한 무기를 개발하는 것이 목적이다. 이것으로써 가상의 적인 소련을 전자기술적인 군사면에서 크게 앞지르려는 것이다.

미세 가공기술에서는 실리콘이라는 소재를 극한까지 순수하게 만든 위에서 가공하는 것인데, 이것을 위한 전자빔, X선, 이온빔의 각 묘화(各描畫)·전사장치(轉寫裝置), 플라즈마 식각장치(食刻裝置), 레이저가공장치, 이온 주입장치, 결정 성장장치 등이 일본의 초LSI 기술로서 성취할 수 있다.

그러나 커다란 차이는 초LSI가 메모리라고 하는 한정된 분야에서 그 성과를 낳은데 대하여, VHSIC는 메모리를 포함하는 마이크로 컴퓨터 시스팀 전체, 그것도 대형기에 필적하는 초고성능의 슈퍼 마이크로 컴퓨터 시스팀으로서 등장하리라는 점이다. 일본의 메모리 IC 분야는 이제 미국의 유력한 경쟁상대가 되었다. 그러나 일본의 메이커는 세계에서 베스트셀러가 될만한 마이크로 컴퓨터를 아직 개발하지 못하고 있다. 인텔, 모토롤러, 자이록 등 미국의 유력한 메이커의 2차 공급자에 지나지 않는다.

일본의 초LSI에서는 1칩당 10만 소자 이상의 집적도, 회로의 가장 좁은 너비가 3마이크론 이하인 미세가공이 최초의 목표가 되었다. 한편 VHSIC에서는 집적도와 동작속도의 곱을 목표로 한다. 집적도가 아무리 크다고 하더라도 동작속도가 빠르지 못하면 효과가 없다. 훼이즈—I의 목표값은 미세가공 1.25 마이크론이며, 집적도와 동작속도의 곱은 1㎠당 5천억 게이트·헤르츠(게이트는 소자의 기본단위. 헤르츠는 1초에 1사이클)에 달하는 것이다. 훼이즈—II에서는 이것이 0.5 마이크론, 10조 게이트·헤르츠로 설정되어 있다. 훼이즈—Ⅲ에서는 훼이즈—Ⅰ과 훼이즈—Ⅱ의 기술을 병용하는 단기간의 개발계획을 집합한 것인데, 여기서 미세 가공장치나 주변기술을 더 많이 개발한다. VHSIC 개발에 참가한 메이커는 누구나 이 성과를 이용할 수 있도록 하고 있다.

VHSIC에 의한 슈퍼 마이크로 컴퓨터의 기술이 소련으로 유출되는 것을 방지하기 위하여 미국 외에서 생산하는 것은 펜타곤이 허가하지 않을 것으로 보인다. 이 슈퍼 마이크로 컴퓨터의 최종목표는 무인무기, 로보트무기 등이다. 이동중인 부대나 전차에서도 눈과 지능을 가진 로보트무기가 명령없이 자기의 판단으로 공격하게 된다. 이와 같은, 현재의 마이크로 컴퓨터의 성능보다 수백배나 우수한 성능을 가진 슈퍼 마이크로 컴퓨터가 미국에서 보급되면, 그것은 무기로서만이 아니라 오늘날 일본이 자랑하는 산업용 로보트를 비롯하여 항공기, 원자로, 각종 플랜트 등의 중추부분에 배치되어 오늘날의 마이크로 컴퓨터나 컴퓨터와 대치될 것이다. 펜타곤에서는 다음 세대의 마이크로 컴퓨터용 고성능 프로그램밍 언어로서 'Ada'의 개발이 끝났다.

이와 같은 것을 잘 살펴보면 지금까지 마이크로 컴퓨터에 약했던 미국 IBM이 왜 VHSIC에 이만큼이나 최대의 힘을 기울이고 있는지를 알 수 있을 것이다. 일반용 컴퓨터분야에서조차 대부분의 시장을 슈퍼 마이크로 컴퓨터에 빼앗길 수도 있다. IBM과 TI는 이 VHSIC 개발에서 어느 하나만이 최종적으로 남게 될 경우에는 서로가 2차 공급자로서 기술을 교환할 묵

계가 이루어져 있다는 정보도 있다. 실리콘이라는 소재에 시스템을 실리는 마이크로의 세계에서 미·소 초강대국 사이에 일본이 끼어들어 IC 세계대전을 벌이고 있는 것이 초LSI 와 VHSIC 분야라고 할 수 있다.

빛이 정보를 전달한다

─광섬유와 광소자

머리카락만한 굵기를 가진 투명한 섬유 한 가닥이 전화 1만2천회선 몫의 정보를 전송할 수 있다. 획기적인 대용량 전송수단으로 기대되는 광섬유 통신이 실용화단계를 향하여 크게 움직이고 있다.

일본에서는 광섬유(또는 광화이버)라면 이바라기(茨城) 통신연구소를 연상하게 한다. 세계의 메이커들이 이구동성으로 말하는 이 연구소는 이바라기(茨城縣)현 도오까이무라(東海村)에 있다. 정식 호칭은 일본 전신전화공사 이바라기 전기통신연구소이다. 광섬유 분야에서 세계 최고의 기술수준을 자랑하는 이 연구소의 연구원 수는 약 300명이고 연구원의 평균연령은 30대 전반으로 아주 젊다.

성형부품 연구실장이 최초로 보여준 것이 한 장의 그래프(179페이지 참조)이다. 점선은 세계최고의 기술수준이고 실선은 이바라기 통신연구소의 수준이라고 한다. 1976년 이후에는 점선과 실선이 꼭 일치하고

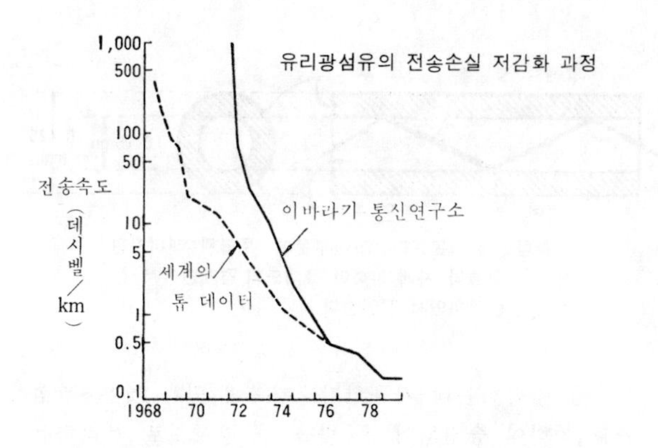

있다. 그래프에는 전송손실이 작은 섬유의 개발경위가 기록되어 있었다. 이 데이터에는 유리 광섬유는 1㎞당 전송손실이 0.2 데시벨이고 플라스틱 광섬유는 1㎞당 100 데시벨이며 둘다 이바라기 통신연구소가 개발하였다.

광섬유의 재질은 석영유리와 MMA(메틸메타아크릴레이트) 수지로 구별된다. 전자는 전송손실이 작지만 값이 비싸고 용도는 통신용이 중심이다. 후자는 값이 싸지만 전송손실이 커서 50m 이상이 되는 정보전달용으로는 부적합하며 빌딩 내의 통신이나 컴퓨터의 단말배선에 사용된다.

성형부품 연구실장의 담당분야는 플라스틱 광섬유이다. 실험실에는 간단한 전화세트가 광섬유로 연결되어 있다. "여보세요"하고 들리는 것이 당연하리라고 생각은 하였으나, 실제로 들어보니까 놀라울만큼 똑똑히 들린다.

이쪽 것은 플라스틱 광연결부. 머리카락만한 굵기의

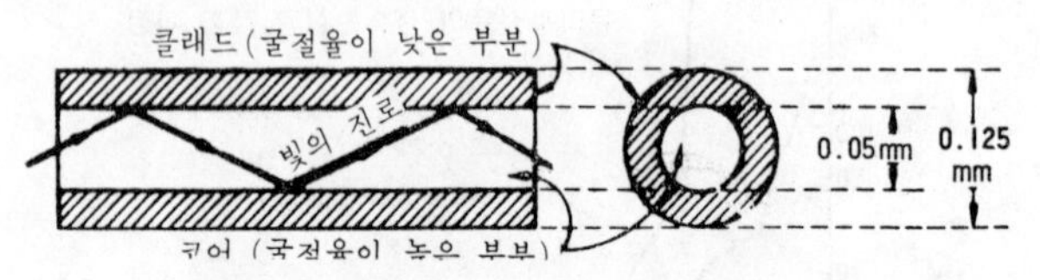

광섬유의 기본원리. 코어부분에 투입된 레이저광선은 굴절률의 차에 의하여 클래드의 경계면에서 전반사를 반복하면서 진행한다.

섬유를 접속하는데 사용한다. 저쪽에 있는 것은 광섬유를 통하여 송신되어 온 빛을 두 방향으로 분리하는 기구이다. 이바라기 통신연구소에서는 광섬유를 실용화하기 위하여 주변기기도 연달아 개발하였다. 유리 광섬유 분야에서는 기상축(氣相軸) 접속법이라는 세계에서도 예가 없는 섬유의 양산기술을 가지고 있다.

광섬유통신의 기본원리는, 반도체 레이저에 의하여 중심부의 코어에 투입된 레이저 광선이, 바깥쪽 둘레부분의 클래드(Clad)와의 경계에서 전반사(全反射)를 되풀이 하면서 진행한다. 다만, 코어와 클래드는 순수한 석영유리로 만들어야 하며, 양산(量產)기술의 확립이 큰 문제였다. 미국의 코닝사가 개발한 외부 접속법은 심선(心線)의 바깥쪽에 유리를 층으로 쌓아 올리는 방법이고 미국의 벨연구소가 개발한 내부접속법은 석영관 안쪽에 유리를 층으로 쌓는 방법이다. 이것에 대하여 일본의 전전공사가 개발한 기상축접속법은 섬유축방향에 유리를 육성하기 때문에 대량생산에 가장 뛰어나다는 것이다.

"우리 통신기술자에게는 광섬유의 등장이란 일생

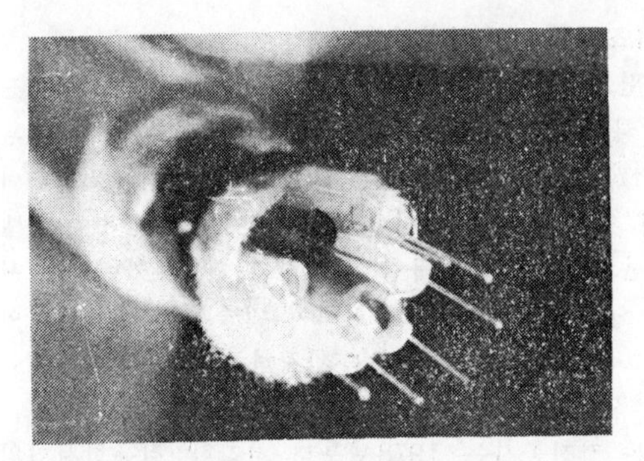

서독 지멘스사가 실용화한 광섬유

에 한번 있을까 말까한 기회다"라고 일본의 후루가와(古河) 전기공업의 시스팀 개발사업부 기술과장은 말한다.

광섬유의 특징은 보낼 수 있는 정보량이 많을 뿐만 아니라, 전송손실이 적으므로 동축(同軸) 케이블이면 10㎞ 전후의 간격으로 필요한 증폭을 위한 중계기도, 20㎞ 내지 수십㎞에 하나면 충분하다. 가까운 곳에 있는 전력케이블이나 벼락으로부터 전기적, 자기적 장애를 받지 않는다는 큰 이점도 있다. 전력케이블과 함께 통신회선을 설치할 수 있다.

실용적인 면을 살펴보기로 하자. 미국에서는 보스턴, 뉴욕, 워싱턴을 광섬유로 연결할 계획이다. 섬유의 전체길이는 8만㎞. 더 큰 계획은 서해안의 시애틀과 샌디에이고를 연결하는 것으로 총연장은 10만㎞이다. 코닝사와 웨스턴 일렉트릭사가 추진하고 있다. 서독에서는 미국의 코닝사로부터 기술도입을 한 지멘스사가 베를린의 전화국과 공동으로 일반가정을 연결하는 광통신 시스팀을 실용화하였다.

한편, 일본에서는 고오베(神戶) 시내의 산노미야(三宮)역과 "포트피아 '81"(1981년 일본 고오베에서 개최된 박람회)의 박람회장을 연결한 신교통시스팀 '포트라이너'가 있다. 플랫폼에서 승강하는 사람을 감시하는 텔리비전카메라에 광섬유를 채용하고 있다. 카메라로 촬영한 영상을 광섬유로 송신하여 집중관리하는 방법이다. 고속도로에서 교통량을 감시하는데도 광섬유케이블을 사용한다.

일본 전전공사는 1978년부터 시작한 실용화시험의 성과를 기초로 1981년 봄에 상용시험에 들어갔다. 도오꾜와 오오사까를 비롯하여 전국 12개 전화국 간에 총연장 거리가 110㎞에 달하며, 전화중계에는 광통신을 사용하고 있다. 공중통신에 광섬유를 사용하는 것은 일본에서는 이것이 처음이다.

실용화의 가능성을 보증하는 것은 태평양을 횡단하는 광섬유 케이블의 완성 여부이다. 일본에서 하와이까지는 일본측이, 하와이에서 미국 본토까지는 미국측이 설치하게 되어 있는데 1986년까지는 완성될 전망이다.

일본에서의 광섬유 실용화의 추진역으로는, 유리 광섬유에 대해서는 전전공사와 후루가와전공, 스미도모전기공업, 후지꾸라(藤倉)전선 등의 전선메이커들이다. 생산능력은 8개 메이커가 합쳐서 월간 8천㎞(1981년 현재)인데 수출량도 늘고있기 때문에 설비증설이 한창이다.

한편, 플라스틱 광섬유는 전전공사와 미쯔비시 레이욘이 대표적이다. "플라스틱 광섬유는 빌딩의 내부통신 등에 급속히 보급될 것이다. 자동차의 후방시야 확인용에도 사용하게 될 것이다"라고 말하는 미쯔비시 레이욘의 기획개발부장은 매상고를 현재의 20배인 연간 100억엔(일화) 정도까지는 끌어올릴 것이라고 자신만만하다. 1km당 전송손실이 200데시벨로, 유일한 라이벌회사인 미국 뒤퐁사의 500데시벨보다 크게 앞서 있다고 자랑한다.

광섬유의 급속한 실용화는 피복재료 등을 공급하는 소재메이커에게도 파문을 던지고 있다. 석영관은 지름이 0.125㎜인 광섬유의 외부를 보호한다. 일본의 신에쯔(信越)화학공업의 계열회사인 신에쯔석영이 서독 헤라우스사로부터 수입 판매하고 있는데 1981년에 국산화하였다.

이 바깥쪽을 보호하는 피복재가 엔지니어링 플라스틱의 일종인 폴리아미드(나일론 12)이다. 일본의 다이셀 화학공업이 서독으로부터 수입하여 광섬유용으로 독점 공급하고 있다. 이것에 대해 도오시바 세라믹스는 석영관을, 우베고오산(宇部興産)은 나일론 12를 생산하여 선발 메이커의 아성을 무너뜨리려 하고 있다.

일본의 광섬유기술과 품질은 세계에서 최첨단에 서 있다. 광섬유에 의한 '통신혁명'은 눈앞에 다가와 있다.

광통신에서 광섬유와 더불어 중요한 것은 광소자(光素子)이다. 광통신의 전화망이라는 것은 쉽게 말하자면 음성을 송화기의 마이크로써 전기신호로 변환하고 그 전기신호를 발광소자가 광신호로 변환한다. 이 신호가 광섬유 속을 흐른다. 신호를 받는 상대방의 수광소자(受光素子)는 다시 전기신호로 되돌려 수화기의 스피커를 울리는 기구이다. 거리가 너무 멀어서 신호가 약해질 때는 도중에 수광소자와 발광소자를 한 세트로 한 중계기를 넣어두면 된다.

그런데 광섬유가 완전 실용화 단계에 돌입한데 대하여 광소자는 재료면에서 개발도상에 있다. 이 상황을 일본 전신전화공사의 반도체 광소자 연구실장은 "좁은 시골길을 시속 20~30㎞로 달리고 있으면 좋았을 자동차가 갑자기 100m 너비의 고속도로에 나온 것과 같은 것"이라고 표현한다.

대량의 자동차가 고속으로 주행할 수 있는 도로(광섬유)가 완성된 바에는 사고를 일으키지 않는 고성능 자동차(광소자)의 완성이 기대되는 것과 같다. 현재 전화선으로 사용되고 있는 동축케이블로 10만회선의 통화가 가능한데 비하여 가느다란 광섬유로 대치하면 한 가닥으로 200만통의 통화가 가능하다.

광소자에는 전기신호를 받아 빛을 발진하는 발광소자와, 반대로 빛을 받아서 전기신호로 변환하는 수광소자가 있다. 발광소자의 소재는 화합물반도체이고 수광소자에는 실리콘, 게르마늄 등의 단일원소로 된 것과 화합물 반도체의 두 가지가 있다. 트랜지스터, 다이오드 등의 개별반도체가 수 밀리 각(角)의 실리콘 칩으로 집적되어 IC(집적회로)가 된 것처럼, 광소자도 장래에 광IC로 될 것이다. 광 IC에서는 여러개의 발광, 수광소자로부터 렌즈, 필터, 프리즘 등을 포함하는 큰 광학계(光學系)가 한개의 칩에 내장될 것이다.

발광소자에는 레이저 다이오드(LD, 반도체 레이저라고도 한다)와 발광다이오드가 있다. 레이저는 한 점으로부터 위상이 가지런한 강력한 빛을 낸다. 수 마이크론 크기의 한 점 위에 지극히 큰 전류가 흐르므로 조금씩 열화(劣化)되는 문제가 생긴다. LED는 사방으로 빛을 내므로 가느다란 섬유에 빛을 주입할 때 대부분의 출력은 유실된다. 가느다랗게 집중된 빛을 낼 수 있는 레이저가 대량생산으로 가격이 싸진다면 비디오디스크, 디지탈 오디오용 플레이어 등, 가전제품에도 널리 사용할 수 있는 날이 멀지 않다. LED는 이미 각종 표시용으로 사용되고 있으며 갈륨, 비소, 인듐, 인 등의 화합물로 된 단결정이 소재이다.

수광소자는 빛을 전기로 변환하는 것이므로 태양전지, 카메라의 노출계, 전자복사기의 드럼 등과 근본적으로는 같은 것이다. 광통신용 PIN 수광다이오드(PD)는 양전하가 많은 P층, 중성의 I층, 음전하가 많은 N층의 3층구조로 되어 있다. 사태 수광다이오드(APD)는 전자사태(avalanche)를 일으킨 것처럼 많이 움직이는 현상인데 약한 신호를 크게 증폭시키는 기능을 가지고 있다. PD, APD의 소재로서는 인듐과 인을 기판으로 한 것에 4층 또는 5층의 화합물 결정층으로 된 복잡한 구조의 고성능 소재가 개발되었다.

광소자의 개발연구에서는 미국의 벨시스팀(AT & T, 벨연구소, 웨스턴·일렉트릭 등을 구성하는 벨그룹)을 비롯하여 일본의 전전공사, 니혼전기, 후지쯔(富士通), 히다찌제작소, 미쯔비시전기 등이 세계의 최첨단을 달리고 있다.

광섬유 속을 빛이 통과할 때 빛의 세기가 약화되는 율이 가장 적은 것은 적외선영역 중에서 0.8마이크론, 1.3마이크론, 1.55마이크론의 파장이라는 것을 알고 있다. 이 파장에 맞추어서 발광소자와 수광소자의 개발이 진행되었다.

먼 거리에 정보를 전달할 때 빛이건 전기건 멀리 갈수록 신호가 약해진다. 도중에서 이 신호를 받아 증폭하여 강한 신호로 재생하는 것이 중계기이다. 현재 일본의 도오꾜—오오사까 간의 동축 케이블에서는 1.5㎞마다 1개의 비율로 중계기가 설치되어 있다. 빛일 때는 신호의 감쇠가 훨씬 적다. 0.8마이크론의 파장의 빛을 사용하면 중계기는 10㎞에 1개면 된다. 1.3마이크론이면 20㎞에 1개면 되므로 보수, 관리가 훨씬 쉬워진다.

0.8마이크론대의 기술문제는 미·일 양국이 모두 해결하고 있다. 발광소자로는 갈륨, 알루미늄, 비소의 막을 부착한 '레이저 다이오드'(LD)로 수광소자로는 실리콘의 '사태 수광다이오드'(APD)가 결정되었다. 이것은 0.8마이크론에서는 일본전전과 벨연구소가 같은 결과를 보였지만 다음 번의 과제인 1.3마이크론에서는 전혀 다른 소자, 소재를 선택하려 하고 있다.

발광소자에서는 인듐·인을 기판으로, 인듐·갈륨·비소·인이라는 네개의 원소로 구성된 소자를 사용하는데까지는 같지만, 일본 전신전화공사에서는 레이저 다이오드에, 벨연구소에서는 '발광다이오드'(LED)에 힘을 기울이고 있다. 레이저는 위상이 가지런한 강한 빛이 나오므로 화상(畵像), 데이터통신 등 보다 고속이고 대용량인 통신에 아주 적합하다. "그러나 레이저는 수명이 불안하고 온도변화에 약하며, 생산비가 비싸다. LED로 고속, 대출력인 것을 개발할 수 있다"고 LED의 장점을 강조하는 벨연구소의 광통신 소자부장의 주장에 대해 일본 전신전화공사 측은 "레이저의 수명이나 온도변화, 생산비의 억제 문제 등은 이미 해결되었다"고 반박한다.

1.3 마이크론의 수광소자에서는, 양자는 소재부터 다르다.

일본의 전전공사는 고전적 반도체 재료인 게르마늄의 APD를 후지쯔와 공동으로 개발하였다. 미국의 벨연구소에서는 인듐·인을 기판으로, 인듐·갈륨·비소로 된 PIN 수광다이오드(PD)와 갈륨·비소의 전계효과(電界効果) 트랜지스터(FET)를 조합하여 만든다. APD라면 1개의 소자로 되지만 PD는 증폭작용이 없으므로 따로 트랜지스터가 필요하다. 이론적으로 본다면 양쪽 다 인듐·갈륨·비소로 된 APD로 만드는 것이 좋다. 그러나 기판이 되는 인듐과 인이 매우 까다로운 소재이다. APD를 만족시킬 수 있는 충분한 결정을 만들 수 없다. 일본에서는 미쯔비시전기 등이 열심히 연구하고 있다.

뉴저지주 호름델의 벨연구소에서는 바라스 다이오드(LED의 일종)의 발명자인 찰즈·A·바라스씨와 중국인 리(李天培)씨, 일본인 오가와(小川謹一郎)씨 등의 트리오가 의욕적으로 연구중에 있다. 1개의 LED로 2개 이상의 파장을 발진하고 동시에 2개의 파장을 수광할 수 있는 PD를 개발하는 것이다. 양쪽 다 인듐·인 기판의 인듐·갈륨·비소·인의 소자로 되어 있다. 한 개의 소자로 2개의 파장을 다룰 수 있다면 통신용량이 한 가닥의 섬유로 단번에 2배가 된다. 이것은 동시에 다음 세대의 광 IC(집적회로)의 제일보라고 할 수 있다.

"현재의 광소자는 아직도 수공적인 단계에 지나지 않는다"고 니혼전기의 광전자 연구소장은 말한다. 레이저라고는 하지만 2밀리 각(角) 정도의 소자인데 빛을 공진시키기 위하여 양단에 거울면을 만든다. 이것은 실제로 결정을 면도칼로 잘라서 만든다.

아주 복잡한 이름의 4원소 화합물 반도체를 만드는 방법은, 로 속의 탄소용기에 각각의 소재를 녹여서 배열해 두고, 기판이 될 결정을 차례차례로 옮겨가면서 만든다. 생산공정으로서는 지극히 원시적인 방법이다. 대량생산용의 '금속 유기물 화학적 기상(氣相)성장법'(MOCVD)이라는 기술도 있지만, 이 기술을 실용화하기까지는 아직도 많은 시간이 걸릴 것 같다.

한개의 광소자 속에는 중심이 되는 반도체 외에 예를들면 쌀알만한 작은 유리렌즈, 프리즘, 방해석(方解石)의 필터 등이 있다. 이것들을 핀세트로 광축(光軸)을 정밀하게 조정하면서 배열한다. 일찌기는 손재주가 있는 여자종업원이 일본의 반도체산업의 여명기에 공헌한 바 많지만 이 광소자 제조에도 이와같은 손재주가 있는 기능자들이 필요하다. 이때문에 광일렉트로닉스가 대산업으로 발전하기 위해서는 다시 한번 광IC의 출현이라는 단계가 필요하다. 소재면에서는 빛을 통과시키는 투명한 결정, 리튬산니오브를 사용하면 광IC도 가능하다는 제안이 있다. 광IC의 실현은 광전화(光電話), 광교환기(光交換機), 광컴퓨터 등의 광시대를 여는 원동력이 될 것이다.

지붕을 발전소로

-값싸고 튼튼한 태양전지

미국의 DOE(에너지성) 등의 예측에 의하면 미국은 서기 2200년에는 250만 MW의 에너지 부족에 직면하게 될 것이다. 이 부족량을 해소하기 위하여 태양전지로 대치한다면 약 13만㎢ (미시시피주의 면적과 거의 같음)에 태양전지를 깔아야 한다. 미국의 모든 지붕과 빌딩의 옥상의 약 1/3을 태양전지로 하면 충당할 수 있다는 계산이 된다.

미국에서는 지금 "태양전지는 지붕재료가 될 수 있느냐?"라는 토론이 활발하다. 태양전지는 1958년 인공위성 '뱅가드(Vanguard) 1호'에 처음으로 사용되어 각광을 받게 되었다. 이후부터 거의 모든 유인우주선, 통신위성, 우주실험실에 사용되고 있다. 돈만 들이면 고성능 태양전지를 만들 수 있다는 것을 증명한 셈이다. 그러나 지붕재료로서 요구되는 것은 값이 싸고 내구성이 있는 태양전지이다. 값싼 전지를 만들면 시장성은 단번에 확대될 것이다.

태양전지의 세계시장은 미국의 노드데크·콘셉회사의 조사에 의하면 1980년에는 3MW에 2,400만달러, 1990년에는 170MW에 2억 1천 2백만달러, 2000년에는 10기가와트(GW; 1기가와트는 1,000MW)에 50억달러로 급성장하리라고 예상하고 있다.

이 때문에 미국에서는 메이저(국제 석유자본)를 비롯

하여 전기기구, 화학, 금속회사 등 20개사 이상이 참가하여 소재개발을 경쟁하고 있다. 유럽에서는 프랑스의 전기기구회사인 CGE와 국영 석유회사 엘프·아키테느 및 네덜란드의 전기기구메이커인 필립스 등의 세 회사가 공동으로 태양전지를, 또 서독의 AEG 텔레푼겐도 태양광 발전 플랜트를 건설하기 시작하였다. 일본에서는 1980년에 일본 솔라에너지(교오또 세라믹, 마쯔시다 전기산업, 모빌석유, 미국의 다이코·라보라토리스, 모빌오일 등이 합자하여 만든 회사), 샤프, 니혼전기 등이 약 50kW의 태양전지를 생산하였다. 일본 정부의 'sunshine 계획'에서는 1985년까지 약 2,500kW가 필요할 것으로 예측하고 있는데 당분간은 이것이 최대시장이 될 것으로 예상된다.

한편 미국에서는 알코·솔라(애틀랜틱 리치필드의 계열회사)가 1MW의 생산능력을 가지고 있다. 이 회사와 솔라랙스(스탠더드 오일 오브 인디애너계열) 및 솔라파워(엑슨계열) 등이 3대 메이커라고 할 수 있다.

태양전지 소재의 주류는 현재로는 실리콘 단결정이지만 실리콘의 리본결정, 아모르퍼스(비결정질) 실리콘, 갈륨·비소 합금의 태양전지도 시장에 나돌기 시작하고 있다. 이밖에 황화카드뮴, 카드뮴, 셀렌, 유기물 반도체 등의 소재연구가 활발히 진행되고 있다.

값싼 태양전지를 만드는 자가 시장을 장악할 수 있는만큼 개발경쟁이 치열하다. DOE는 1W당 태양전지의 가격을 1982년에는 2.8달러, 1986년에는 70센트, 1989년에는 50센트로 저렴하게 설정해 놓고 있다.

1W당 6~8달러짜리 태양전지를 생산해 왔던 알

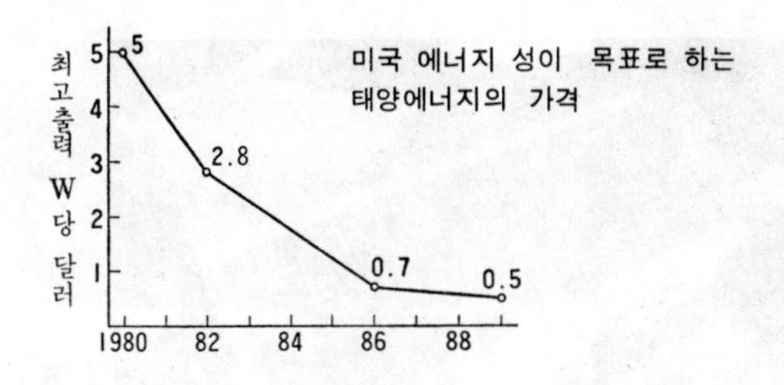

코에서는, 실리콘 단결정의 새로운 제조법과 조립공정의 자동화로 1W당 1달러까지 값을 내릴 수 있을 것으로 보고 있다. "태양전지로서 IC용의 고순도 실리콘을 사용하는 것은 너무나 아깝다. 발전효율을 떨어뜨리지 않고 순도가 낮으면서도 값싼 실리콘을 만드는 방법을 생각할 수 있다"고 알코·솔라사의 부사장은 말한다. 이 회사가 생산하고 있는 태양전지는 얇은 원판형의 실리콘 단결정 한장한장이 한개씩의 전지로 된다. 이 원판은 마치 무우와 같은 모양으로 된 단결정을 고리모양으로 잘라서 만든다. 이 절단 공정에서 결정의 약 40%가 부스러져 날아간다. 그래서 처음부터 자를 필요가 없는 얇은 리본모양의 결정을 만드는 연구가 시작되었다. 미국에서는 웨스팅하우스와 모토롤러가, 일본에서는 재팬 솔라에너지와 도오꾜 시바우라전기 등이 이와같은 리본결정 태양전지를 개발하고 있다.

한편 실리콘화합물의 기체를 사용하여 스테인레스나 유리표면에 아모르퍼스·실리콘의 얇은 막을 증착시키면 실리콘을 최소량으로 사용할 수 있다. 미국의 RCA, 엑슨, 일본의 산요(三洋)전기, 미쯔비시전기, 후지

지붕에 태양전지를 깔은 피닉스 하우스 (미국 애리조나주)

전기제조 등이 실란가스(실리콘과 수소의 화합물)로, 미국의 ECD와 일본의 샤프 등이 테트라플루우오르 실리콘가스를 사용하여 이런 형식의 태양전지를 개발하고 있다.

필름과 같은 얇은 스테인레스판에, 가스실에서 연속적으로 실리콘을 증착시키는 제조방법이 가능하므로 값싸게 만들 수 있는 가장 유력한 후보감이다. ECD에서는 이것을 실험할 플랜트를 현재 건설중에 있다. 리본상 결정, 아모르퍼스·실리콘 등으로 된 태양전지의 큰 과제는 어떤 방법으로써 실리콘 단결정과 같은 발전효율에 도달하는 것을 만들 수 있느냐는 것이다.

실리콘은 산소 다음으로 지구에 많이 있는 원소이므로 자원으로서의 문제는 없다. 그러나 현재의 실리

큰 정제법은 많은 전력을 소비한다. 현재 태양전지의 생산과정에서 소비하는 전력은 태양전지 자체가 발전하는 전력의 약 15년 몫이나 된다. 그러므로 현단계에서는 태양전지를 사용하여 발전한다는 것보다는 '전기의 통조림'이라고 하는 표현이 적절할 것이다.

미국에서는 DOE와 애리조나 주립대학에 의하여 지붕에 태양전지를 깔은 집 '피닉스 하우스'의 실험이 계속되고 있다. 한여름의 냉방시설에 의한 전력소비의 피크에 맞춘 규모의 태양전지를 설치하여, 다른 계절에는 남는 전력을 전력회사에 송전하여 모자라는 산업체에 파는 구상도 하고 있다. 그러나 이와같은 꿈같은 이야기가 실현되려면 무엇보다도 태양전지의 신소재 개발이 그 열쇠라고 할 수 있다.

레이저 광선으로 정보를 기록한다

—막대한 기억용량을 가진 광디스크

화면이 나오는 레코드와 비디오디스크가 1981년 후반부터 미국에서 판매되기 시작하였다. 이 비디오디스크와 원리적으로는 비슷하나 이것보다 훨씬 고기능이 요구되는 것이 컴퓨터 등과 조합하여 사용하는 산업용 광(光) 디스크이다.

레코드판 모양을 하고 있는 광디스크는 한면이 1기가바이트(10억 바이트, 바이트는 정보량의 단위) 이상의 방대한 용량을 기록할 수 있는데다 기록내용의 어느 부분이라도 요구할 때에 순간적으로 꺼낼 수 있다는 것이 특징이다. 광디스크를 실용화하는 결정적인 수단은 빛에 의한 기록과 장기간에 걸쳐 다시 꺼내서 읽을 수 있는 안정된 기능을 발휘할 수 있는 소재를 개발하는데 있다.

비디오디스크이건 산업용 광디스크이건 간에 그 기술의 출발점은 레이저이다. 레이저에 의하여 지름이 고작 1마이크론이라는 즉, 머리카락 굵기의 50분의 1 정도밖에 안되는 작은 점에 빛을 조사(照射)할 수 있다. 더우기 강력한 레이저라면 강철도 녹일 수 있는 에너지를 가지고 있다.

그래서 종이테이프에 구멍을 뚫어 전신을 기록하듯이 레이저 광선으로 디스크의 표면에 무수히 많은 눈에 보이지 않는 크기의 미소한 구멍을 뚫어서 기록하는 것이 비디오디스크나 광디스크의 원리이다. 이와같이 레이저광으로 기록한 것을 재생할 때는 마치 레코드를 돌릴 때와 같이 플레이어에 디스크를 올려놓고 돌리면 된다.

비디오디스크를 산업용 시스팀으로 이미 응용·개발하고 있는 회사는 미국의 DVA(디스코비전회사, IBM 및 MCA의 합자회사), 네덜란드의 필립스, 일본의 파이어니어 등으로 구성된 그룹이다.

"우리 그룹의 비디오디스크는 재생에도 빛을 사용하는 광학형(光學型)이다. 이 때문에 내구성이 있고, 컴퓨터와의 조합이 가능하며, 디스크 위에 기록한 임의의 곳의 정보를 즉석에서 꺼내어 읽을 수 있는 시스팀을 만들 수 있다"라고 DVA의 사장은 응용범위

광학식 비디오디스크는 이미 대량생산 단계에 있다.
(미국 DVA공장에서)

가 넓다는 것을 힘주어 강조한다.

예를들면 파일럿 훈련용의 모의비행장치이다. 기존 장치에서는 영화필름이나 VTR을 사용하기 때문에 임의의 영상을 즉석에서 비쳐보기 힘들다. 필름이나 VTR테이프를 앞으로 보내거나 뒤로 되돌리는데는 아무래도 시간이 걸리기 마련이다. 그러므로 영상을 볼 수 있는 것은 모범적인 비행상황이 중심이 된다.

이것에 대하여 광학형 비디오디스크를 사용하면 디스크 위에 기록한 어떤 부분의 영상이라도 즉석에서 볼 수 있다. 미리 여러 가지 비행상황을 설정하여 그 영상을 디스크 위에 기록한다. 이와같이 하여 만든 시뮬레이터(simulator)라면 훈련생이 조작하는 조종간에 따라, 주위의 풍경에서부터 활주로까지 컴퓨터의 지령으로 여러가지 장면을 순식간에 비쳐낼 수 있다. 조종을 잘하고 못하고에 맞추어서 마치 실제로 비행하고, 이착륙하는 것과 같은 시스팀설계가 가능하다. 미국 국방성이 이와같은 장치를 개발하기 시작했다고 한다.

같은 방법의 자동차 운전훈련용 시스팀은 미시시피 공과대학이, 일반 교육용 프로그램은 유타대학이 각각 개발중이다. 교육용 프로그램은 학생의 능력에 따라 학습 진도를 빠르게 하든가, 자동적으로 복습시킬 수 있는 텔리비전과 대화형식의 학습프로그램으로 되어 있다.

그런데 현재의 어떤 민수용 비디오디스크를 산업용으로 사용하려면, 디스크 자체의 제조방법이 무척이나 복잡하다는 애로가 있다. 광학형 비디오디스크를 만들려면, 먼저 유리표면에 감광재를 바른 원반에 레이저광을 기록하고 이것을 현상한다. 이 유리원반의 기록내용을 니켈의 금속원판에 깨끗이 전사한다. 다시 이것을 '주형' 으로 하여 최종제품인 아크릴수지로 만든 비디오디스크를 만들어내는 공정을 거친다. 같은 프로그램을 대량으로 생산할 때는 이 생산방식이 적합하다.

그러나 이와같은 소재나 제조법은 단지 한장만 컴퓨터용으로 광디스크를 만들기에는 적합한 방법이 못된다. 그래서 아주 손쉽고 값싸게 기록할 수 있는 새로운 소재의 디스크로서 최근에 주목을 받고 있는 것이 DRAW(Direct Read After Write)형 광디스크이다. 이것이면 광디스크를 한장씩이라도 쉽게 만들 수 있다.

세계에서 최초로 DRAW형 광디스크를 상품화한 벤처 비시니스(venture business : 신기술개발을 목표로 하는 창조적 신규기업)인 드렉슬러 테크놀로지 본사가 있는 캘리포니아주 마운틴뷰를 방문하였다. 사장이 보여주는 디스크는 "플라스틱·폴리머 속에 미세하고 순수한 은입자가 완전히 균일하고 분산된 상태로 떠돌고 있는 것"을 소재로 하고 있다. 이 디스크에 약간 강한 레이저광의 점을 쪼이면, 은입자가 에너지를 흡수하여 200℃의 온도에서 폴리머(중합체)가 녹아서 미세한 구멍이 뚫린다.

재생할 때는 제조할 때보다 약간 낮은 온도의 레이저광으로 비추면 된다. 디스크의 수명은 20년 이상이라고 한다. 현재의 광학형 비디오디스크와 같이 지름이 30㎝, 두께가 1㎝의 무거운 유리제 원반이나 300톤이나 되는 압력을 가하는 아크릴수지판 성형기 등을 일체 사용하지 않고 소형의 장치만으로도 즉석에서 디스크의 기록과 재생을 할 수 있다.

이 회사에서는 이미 IBM, AT & T 등 미국의 8개 회사, 캐나다의 노던·텔레콤사, 서독의 지멘스사 등 유럽의 6개회사, 일본의 6개회사로부터 신소재 디스크의 샘플 주문을 받아놓고 있다. 특히 일본의 메이커가 관심이 커서 이 회사들이 제일 큰 고객이 될 것이라고 드렉슬러 사장은 말하고 있었다.

이와같은 광디스크는 ① 통신회선에 의한 대용량 데이터 전송용, ② 사무실용 자동정보파일, ③ 컴퓨터의 대용량 기억장치용, ④ 비디오디스크원반의 스피드 제작용, ⑤ 자원탐사위성의 데이터 기록용 등에 매우 유망하다.

일본에서도 히다찌제작소가 유리에 금속박막을 끼운 8장의 광디스크 구성으로 A 4판(210 cm× 297 cm) 문서 4만페이지를 기록할 수 있는 '문서 관리시스팀'

을 만들었다. 도오꾜 시바우라전기도 텔루르계의 소재로 광디스크 시스팀 '토스파일'을 개발 중이며, 소니는 광디스크와 마이크로 컴퓨터를 사용하여 미래의 상품인 컴퓨터를 개발하고 있다.

광디스크를 실용화하는데 있어서 한 가지 중요한 포인트는 값싼 반도체 레이저를 개발하는 일이다. 반도체 레이저이건 디스크 소재이건, 그 기술적인 전망은 거의 해결단계에 와 있다. 그러므로 광디스크를 실용화할 날도 멀지 않다.

레이저를 읽는데 사용하는 광학형 비디오디스크는 미국의 대 영화·레저회사인 MCA와 네덜란드의 필립스사가 일찌부터 각각 개발을 추진해 왔으며 양사는 협의하여 공통규격까지 정해놓고 있다. 한편 이 분야에서 독자적으로 연구를 하고 있던 IBM이 MCA와 공동으로 설립한 것이 DVA이다. 여기에 일본의 파이어니어 등이 참가하여 레이저디스크의 국제적 기업그룹이 생겼다. 미국에서는 DVA가 이 그룹의 중심적인 존재이다. 예를들면 많은 명작 영화필름을 재고로 가지고 있는 대영화회사에 대하여 레이저 디스크의 판매를 촉진하는 등 DVA는 표면에 드러나지 않는 적극적인 판매공작에 나서고 있다. DVA는 말하자면 미국의 레이저디스크 그룹의 전략적 거점이다. 이 DVA의 최고의 위치에 있는 존·J·레일리씨는 1954년에 콜게이트대학을 졸업한 이래 25년간을 일관하여 IBM의 마케팅부분에서 일해 온 베테랑급 인물이다. DVA의 사장이 되기 전까지는 제너럴·시스팀부문에서 세계시장의 마케팅담당 부사장이었다. IBM에 있어서는 비디오디스크는 최초의 가전제품인만큼 컴퓨터와 같은 기술을 최우선시하는 상술과는 색다른 경영수완이 필요하다. 로스앤젤레스 교외의 DVA 본사에서 레일리사장에게 그룹으로서의 전망과 레이저디스크의 장래성에 대해서 질문해 보았다.

—RCA가 1981년 봄부터 비디오디스크의 일대 판매캠페인을 벌이고 있는데, 선발 레이저디스크 그룹으로서는 판매촉진 활동을 어떻게 생각하고 있는가?

"우리 그룹에서는 레이저비전 어소시에이츠(미국의 DVA, 3M, 네덜란드의 필립스, 일본의 파이어니어 등의 합자회사)가 중심이 되어 판매캠페인을 펴고 있다. DVA는 디스크 생산회사이므로 직접 소비자와 접촉하는 활동은 하고 있지 않다. 또 MCA 등에 의한 비디오 소프트 판매활동도 활발해 질 것이다."

—플레이어는 미국의 마그나박스(필립스의 계열회사)와 일본의 유니버설 파이어니어(UPC; DVA와 파이어니어의 합자회사) 등 두 회사에서 생산하게 되는가?

"이 두 회사 이외에도 일본의 산요(三洋)전기, 트리오, 샤프, 서독의 구룬디피, 소노프레스 등이 필립스와 DVA가 공동소유하는 특허 공급선으로 되어 있어 각각 플레이어를 생산하게 될 것이다."

—디스크를 판매하는 것은 MCA, OPA, 폴리그램 및 워너·파이어니어 등이 될 것인가?

"유나이티드 아티스트, 콜럼비아, 파라마운트에도 기대하고 있다. 마그네틱·비디오(20세기 폭스사의 계열사)도 1981년에 판매하기 시작했다."

—DVA는 일본의 UPC로부터 매월 3만장 정도의 디스크를 구입하기로 하였다는데?

"UPC와 계약한 것은 레이저디스크의 수요급증으

로, DVA의 생산능력을 갖추게 되었다."

—현재의 DVA의 생산능력은?

"구체적인 숫자는 발표할 수 없다. 다만 생산량은 1980년의 2배가 될것이 확실하다."

—새 공장의 건설계획은 확정되었는가? 그리고 투자규모는 어느 정도인가?

"새 공장의 건설계획은 가지고 있다. 그러나 현재는 디스크의 생산공정의 개선을 추진 중에 있기 때문에, 공장건설은 이것이 어느 정도 마무리된 다음이어야 될 것으로 안다. 공장을 하나 세우려면 2천만 달러 정도의 투자가 필요하다."

—품질개선을 위한 생산공정의 개선을 위해, 공급한 UPC로부터 기술도입을 해 왔다는데…….

"그렇다. 품질향상을 위하여 일본의 고오후(甲府) 공장이 매우 좋은 일을 해왔다."

—IBM이 직접 소비자를 위한 시장에 뛰어든 것은 비디오테이프가 처음이라고 생각되는데?

"IBM은 민수용 시장에도 큰 관심을 가지고 있다. 동시에 레이저디스크와 컴퓨터의 결합에 의한 커다란 가능성을 생각하고 있다."

—레이저디스크를 데이터처리에 사용한다는 것인가?

"레이저디스크는 현재의 데이터 처리장치에 비하여 10배 내지 15배의 기록밀도가 있으므로 기억용량이 아주 크다는 매력이 있다. 다만 문제는 오독율(誤讀率)이다. 비디오디스크는 1,000개당 1개(비트) 정도의 실수가 있더라도 영상이나 음질에는 거의 영향이 없다. 그런데 컴퓨터 등 숫자정보를 다루는 데이터 처리분야에서는 1,000만개 내지 1억개에 대해 1개 이하의 오독율밖에는 허용되지 않는다."

—그것은 아크릴수지라는 디스크의 소재가 문제인가?

"그렇지는 않다. 그것은 고밀도적인 기록방식의 문제 때문이다. 레이저디스크는 한면에 180억 비트라는 방대한 수의 정보가 겨우 1.8마이크론의 간격으로 배열되어 있다. 이것을 데이터 처리 분야의 수준으로 실수없이 읽어내기 위해서는 전혀 새로운 장치를 설계해야 한다."

—그렇다면 IBM이 컴퓨터와 레이저디스크의 접속이라고 하는 것은 데이터의 처리장치로서가 아닌가?

"현재 제일 먼저 생각해야 할 것은 숫자 등 디지탈정보의 기록용이 아니고, 영상정보를 컴퓨터가 순간적으로 검색하는 시스팀으로서의 일이다."

—필립스나 도오시바가 개발중이라고 하는, 기록내용을 즉석에서 읽어낼 수 있을 만한 광디스크라는 것이 앞으로 실용화되리라고 생각하는데?

"기술적으로는 가능하다고 생각한다."

—제일 문제가 되는 것은 소재인가?

"그렇다. 한번 기록한 다음 그 기록상태를 오랫동안 안정하게 보존할 수 있는 재료를 개발해 나갈 필요가 있다."

쇠가 은을 몰아낸다

-고밀도 자기테이프의 출현

"쇠가 은을 몰아낸다"—VTR(비디오 테이프레코더)과 8㎜ 카메라의 대결을 상징적으로 파악한다면 이렇게 표현할 수 있다. 8㎜ 필름은 은화합물을 폴리에스테르에 칠한 것인데 대해 VTR테이프는 철을 주성분으로 한 자성분말(磁性粉末)을 사용한 것이기 때문이다. 더우기 자성재료는 합금의 개량이나 새로운 제조방법의 개발로 성능이 비약적으로 향상되어 고밀도 테이프나, 작은 레코드판 모양의 자기시트디스크 등 '꿈의 영상매체'가 출현할 날도 멀지 않았다.

화상을 기록하거나 재생하는 자기장치가 기능을 잘 발휘하는 데는 "종이와 연필, 지우개 등의 밸런스가 중요하다"고 일본의 도오꾜 전기화학공업의 자기테이프부장은 말한다. 종이는 자기테이프나 자기디스크를, 연필은 녹화, 녹음용 헤드를, 지우개는 소거용 헤드를 말한다. 이들 각각의 성능을 좋게 만드는 동시에 조합했을 때의 적성이 중요하다는 것이다.

VTR 카메라를 소형화하는 가장 핵심으로써 '종이'에 해당하는 테이프의 자성재료의 연구가 자성테이프 메이커에 의하여 착착 진행되고 있다. 주력 메이커의 하나인 일본의 후지(富士)사진필름의 자기기록 연구소장은 "소형 VTR 카메라용 자기테이프는 종전의 속도의 절반에 해당하는 느린 속도로도 영상의 선명도가

후지사진필름이 발표한 VTR용 메탈테이프의 전자현미경 사진. 현재의 제품보다 자성분말이 20% 정도 작다.

저하되지 않도록 고밀도화가 필요하다. 자성제(磁性劑)에 '순수 철'을 사용하는 메탈테이프나, 진공가마 속에서 자성제를 증착시키는 증착테이프 등의 고밀도 자기테이프 실용화의 목표는 이미 서있다. 나머지는 기기메이커의 규격결정에 맞추어서 어떻게 개량하느냐에 있다"고 자신있게 말한다.

이 회사의 오다와라(小田原) 공장에는 저속에서도 사용할 수 있는 메탈, 자석증착 양면테이프와 이것에 맞추어 메이커가 제작한 특수한 헤드를 부착한 VTR기기 시작품이 설치되어 있다. 양면식의 테이프도 현재의 VTR 테이프와 같은 정도의 선명한 화상을 재생하고 있었다.

현재 시판되고 있는 자기테이프는 VTR, 음향용이

모두 도포형이다. 폴리에스테르의 필름에 4산화3철(Fe_3O_4)의 자성페인트를 바른 것이다. 음향용으로는 산소를 제거한 '순수한 철'을 자성재료로 한 메탈테이프도 일부 시판되고 있다. 메탈테이프는 자성재료를 녹슬기 힘든 합금으로 만든 다음, 표면을 산화막으로 감싸고 다시 합성수지로 덮는—등으로 연구하여 성능저하를 방지하고 있다.

메탈테이프는 산소를 제거한 부분만큼 자성 보유력이 강하고 자성밀도가 높기 때문에 저속으로 녹음과 재생을 할 수 있다. 동일 시간을 기록하는데 짧은 테이프로도 가능하며, 소형 경량화한 VTR 카메라와 메탈테이프를 조합하면 8㎜카메라와 같은 정도의 가벼운 촬영장치로서 사용할 수 있다.

메탈테이프는 산화철을 사용한 테이프보다 3～4배 정도 고밀도인데 그 이상의 고밀도화는 지극히 힘들다고 한다. 그래서 최근에 주목을 끌고 있는 것이 산화철보다 5배 정도의 고밀도화를 기대할 수 있는 증착방식의 박막형 테이프이다. 박막형 테이프도 VTR용만큼 고밀도화가 필요치 않은 음악용으로 이미 마쯔시다전기가 마이크로 카세트테이프 '옹그롬'이라는 상품명으로 시판하고 있다. 그래서 각 테이프 메이커에서는 VTR용으로 사용할 수 있는 박막형 자기테이프의 기술개발에 총력을 기울이고 있다.

박막형은 진공가마 속에서 녹인 철, 코발트, 니켈 등의 금속을 넣어, 필름에 부착시키는 진공 증착테이프와, 가마 속에 가스를 넣어 방전을 시켜서 필름에 부착시키는 스파트법 등 두 가지 방식이 있다. 이미 언급한 바와 같이 시작품의 생산에 성공하였으나, VTR

마쯔시다전기의 비디오 시트메모리. 오른손에 들고 있는 것은 시트, 왼손의 것은 헤드

용으로서 다량생산 기술면의 개량이 큰 과제이다. 2~3년 후에는 첨가제 등의 소재개발이 진전되고 원가문제도 해결될 것이라는 것이 업계의 일치된 견해이다. 최근에는 일본의 기술이 세계를 리드하고 있는 분야이기도 하다.

동화(動畵)의 촬영에 사용하는 VTR용 자기테이프의 개량과 마찬가지로 자기시트디스크를 소형의 기록매체로 하여 정지된 화면을 텔리비전 화면에 녹화, 재생하는 시스팀의 개발도 진행되고 있다. 마쯔시다전기가 개발한 컬러 정지화상 재생장치인 '비디오시트메모리'와 이 장치용으로 후지필름이 개발한 '자기시트디스크'가 그 일례라고 할 수 있다.

이 장치는 텔리비전화면이나 카메라가 포착한 순간화면 등을 자기시트디스크가 기록하여 텔리비전화면에 재생하는 것이다. 이것은 이미 일본의 교오또(京都) 역지하상가에 있는 교오또 관광안내소에서 실제로 사용하고 있다. 이 장치는 손님이 텔리비전화면에 비치고 있는 비디오의 특정화면을 정지시켜 보고 싶을 때, 정지버튼을 누르기만 하면 동작하던 화면이 순간적으로 정지하여 정지화면이 된다. 그동안 음성 쪽은 본래 그대로 움직이고 있을 비디오화상, 즉 동화와 함께 그대로 진행해가는 기구로 되어 있다.

이 아이디어를 사용하면 텔리비전의 프로그램 중에서 자기가 보고 싶은 화면을 멈추어서 볼 수 있게 된다. 지금까지는 텔리비전국이 일방적으로 보내고 있던 화상을 시청자가 보고 싶을 때 스위치를 넣어 동작시키거나, 보고싶지 않을 때는 끌 수 있을 뿐이었으나, 이 장치를 사용하면 자기가 좋아하는 운동경기의 순간적인 장면을 정지시켜 볼 수도 있다. 그리고 교육프로그램 등에서 도표나 문장 등을 차분히 보고 싶은 부분을 정지시켜 확인하거나 기록할 수가 있다.

이 장치에서 가장 특징이라고 하면 카메라와 같이 사용할 수 있는 응용면일 것이다. 자기시트를 현재의 사진필름 대신으로 사용하면 사진을 촬영한 즉시 화상으로 재생할 수 있다. 마음에 들지 않으면 비디오나 오디오테이프처럼 지우고 다시 사용할 수 있다. 또 정지화상 재생장치와 기억장치를 조합하여 텔리비전 화상을 앨범 대신으로 사용하거나, 정지화상 재생장치와 복사시스팀을 조합하여 은필름이 없이도 프린트 하여 사진으로 현상할 수 있다.

다만 일본의 텔리비전화상은 현재 525 가닥의 광선으로 구성되어 있기 때문에 화면의 선명도가 좋지가 않다. 그러나 NHK를 중심으로 전기기기메이커가 연구중인 고급 텔리비전(1,125 가닥의 광선으로 구성)과 결부하면 화상이 컬러사진 정도로 선명하게 될 것으로 기대하고 있다.

이 장치에 사용하기 위하여 일본의 후지사진 필름이 개발한 시트는, 기본적으로는 현재의 VTR 테이프와 같은 감마산화철을 사용한다. 다만 VTR과는 달라서 정지화면을 만드는 데는 시트가 고속으로 회전하기 때문에 헤드와 심하게 마찰한다. 따라서 마모를 방지하기 위하여 헤드, 시트의 재질을 강화할 필요가 있다. 이 때문에 테이프에 칠하는 자성분말의 입자의 크기와 활성제 등에 특별한 연구를 하고 있다고 한다. 장래에는 고밀도화를 꾀하고 정지화상의 선명도를 높이기 위하여 메탈시트, 증착시트의 상품화도 가능하리라고 메이커에서는 보고 있다.

자기영상장치의 붓이나 지우개에 해당하는 헤드의 기술적인 연구도 상당히 진척되고 있다. 현재 자기테이프용 헤드에는 펠라이트를 사용하고 있다. 펠라이트란 니켈, 코발트, 망간, 구리, II족(族)의 금속원소 산화물(아연 등)과 산화 제2철의 복합산화물로 만들어진 강자성체를 통틀어 말한다. 다른 자성체는 주물로 만들지만 펠라이트는 금속산화물을 분말로 하여 1,000~1,200 ℃의 고열로 소성한다. 헤드에 사용하는 것은 소프트 펠라이트로, 이것에 코일을 감아, 전류를 통하면 자성을 띠고, 전류를 끊으면 자성을 잃는 성질을 잘 이용한 것이다.

문제는 장래에 VTR테이프가 마이크로 카세트화 하였을 때, 펠라이트의 헤드가 현재처럼 그대로 기능을 발휘하는가 하는 점이다. 업계에서는 장래에 VTR용

마이크로 카세트에 증착테이프를 사용하면 시판 테이프와 마찬가지로 헤드는 펠라이트로 만들면 충분하다고 본다. 그러나 메탈테이프를 사용하면 헤드재료로는 센다스트(철, 알루미늄, 실리콘의 합금)나 아모르퍼스합금이 사용될 것이다.

산화철, 펠라이트 등 자성재료의 특성연구는 지금까지 메이커의 경험이나 직감에 의존하는 경우가 많았다. 그러나 최근에는 전자현미경과 측정기의 발전으로 물질의 구조분석 기능이 두드러지게 향상되었으며 분자구조를 해석하고 논리를 누적시킴으로써 새로운 특성을 발견할 수 있게 되었다. 자기재료의 응용범위는 앞으로 점점 더 확대되리라고 기대된다.

오감을 위협하는 센서

―흔히 있는 재료가 활약

기억이나 논리적인 생각 등에서 인간의 두뇌를 대신해 나가고 있는 전자기기는 시각, 청각, 후각, 촉각, 미각 등 소위 오감(五感)도 대신할 수 있는 기술개발이 급진전하고 있다. 일렉트로닉스 관련메이커는 각종 센서(sensor; 感知素子)의 개발과 상품화에 총력을 집중하고 있는데, 여기서 가장 문제가 되는 것은 역시 소재라고 하지 않을 수 없다. 연구개발의 성과가 이제 조금씩 나오고 있는 단계이지만 감지능력이 조금이라도 높은 재료를 개발하려고 필사적인 노력을 계속하고 있다.

일본의 무라다(村田)제작소가 한 개에 일화 300엔짜리 적외선센서를 상품화하였다는 이야기를 듣고 이 회사를 방문하였다. 방범용이나 온도계측용으로의 수요를 내다보고 판매하였더니 완구업계 등에서 예상외로 큰 호평을 받아 주문이 많다고 한다.

적외선센서는 물체가 발산하는 적외선을 받으면 그 열로 말미암아 세라믹의 온도가 아주 근소하게나마 상승하여 센서 안에 내장된 전압이 민감하게 변화하는 '초전효과'(焦電効果)를 이용하여 물체를 확인한다. 빛, 초음파, 전파 등을 사용하는 다른 센서와는 달리 발신장치가 필요하지 않는 것이 특색이다. 또 상온에서 작동하는 것도 큰 장점이며, 물체의 감지소자로서는 매우 적당하다고 할 수 있는데 다만 값이 비싸다는것이 단점이었다. 이 회사에서 가격면의 장벽을 극복한 것은 다름아닌 티탄산 지르코늄산납에 주석산 안티몬산납 미량을 가한 초전형 세라믹을 개발한 것이 요인이라고 한다.

세라믹—지구상에서 가장 풍부한 무기물질을 소결하여 만든 이 재료를 센서에 사용하려는 움직임이 일렉트로닉스업계에서 활발하다. 초전형 적외선센서에의 응용은 무라다제작소만이 아니다. 마쯔시다, 산요, 도오시바, 필립스 등이 의욕적으로 연구하고 있으며, 차례로 상품화되고 있다. 또 적외선센서 이외에도 가스, 습도 등의 센서용 소자로도 세라믹을 사용하는 경우가 증가하고 있다.

예를들면, 일본의 마쯔시다전기가 전자렌지에 사용

한 습도센서는 산화크롬마그네슘에 산화티탄을 섞어, 고온에서 소성하여 만든 다공질 세라믹을 사용하고 있다. 이 세라믹은 측정대상이 300℃ 이하의 온도이면 물이 흡착하여도 화학변화를 하지 않는다. 이 점에 착안하여 흡착한 수분의 양을 측정하여 습도를 판정하는 것이 마쯔시다의 센서의 원리이다.

또 이 다공질 세라믹 자체를 고온으로 가열하면 흡착한 수분이 제거되고 다시 평상상태로 되돌아가는 것도 센서의 기능 안정을 도모하기 위하여 편리한 성질이다. 또 측정대상이 300~550℃의 온도가 되면 각종 가스가 화학변화를 하여 흡착한다. 더우기 흡착한 가스의 차이에 따라 전기전도도가 달라지므로 가스도 검지하는 다기능 센서로 활용되는 이점이 있다.

센서의 기능을 확대하기 위하여 센서의 재료로 실리콘기판을 사용하려는 시도가 구체화되고 있다. 반도체 기술의 급진적인 진보로 실리콘기판 위에 복잡한 세공을 쉽게 할 수 있게 된 것 등이 이 분야의 기술혁신을 단번에 촉진시켰다. 실리콘기판을 소자로 사용하면 마이크로 컴퓨터와의 연결도 원활하게 되고 검지한 정보의 처리속도도 훨씬 빨라진다.

마쯔시다전기에서 "일년 후에는 가정의 방재·방범장치 등으로 상품화하게 될 것"이라고 기대하는 것도 "초미립자화한 자성분말을 실리콘기판에 막 모양으로 덮은 센서"이다. 일본뿐만 아니고 미국에서까지 이것에 대한 특별강연을 요청할 정도로 큰 주목을 끌고있는 신제품이다.

이 집적화 초미립자센서는 온도, 습도, 적외선을 검지할 뿐더러 수소, 알콜, 프로판가스 등도 검지할 수

검지소자명	재　　료	주요제조업체명
▽온도 센서		
더미스터	망간, 니켈, 철 등의 산화물	도오꾜 전기 화학공업, 마쯔시다전기 산업
	탄화규소, 게르마늄 산화티탄바륨 반도체	오오이즈미제작소, 이시즈까 전자
실리콘 온도 센서	실리콘 반도체	텍사스인스트루먼트, 니혼전기
열전대(熱電対)	백금로듐 등	스께가와전기, 오까자끼제작소, 찌노제작소
백금측온저항	백 금 선	찌노제작소
열전스위치	망간아연 페라이트	도오꾜전기화학공업
	니켈아연 페라이트	도오호꾸금속공업
▽열(적외선)센서		
더미스터폴로미터	망간 등 금속 산화물	오오이즈미제작소, 이시즈까전자
초전형적외선 센서	산화티탄바륨 등의 결정	마쯔시다전기 산업
양자형적외선 센서	인듐 안티몬 등	마쯔시다전기산업, 히다찌제작소
▽자기 센서		
홀 소자	인듐 안티몬, 게르마늄, 규소	일본 빅터, 파이어니어, 지멘스, 덴끼음향
홀 IC	갈륨 비소, 규소	마쯔시다전기산업, 텍사스인스트루먼트
자기저항소자	인듐, 안티몬, 니켈, 코발트 계	소니, 덴끼음향
▽압력센서		
압전소자	산화아연, 수정, 폴리플루오르화 비닐리덴 등	도오꾜전기화학공업, 도오호꾸금속공업
감압다이오드	게르마늄, 규소	마쯔시다전기산업, 소니
감압 고무	고무와 반도체 결합물	니혼 합성 고무
▽가스 센서		
감 가스 소자	산화주석, 산화아연산화철	휘가로, 도오꾜시바우라전기, 마쯔시다 전기산업
▽습도 센서		
금속산화물계 감습소자	금속 산화물	마쯔시다전기산업, 무라다제작소
유기물계감습 소자	수지와 카본 등	마쯔시다전기 산업
▽수광 센서		
광도전자계(光導電子系)	황화카드뮴, 산화아연 등	모리리카, 하마마쯔 텔리비전, 신덴겐공업
포토다이오드	게르마늄, 규소	샤프, 도오꾜시바우라전기, 니혼전기, 오끼전기
태양전지	규소, 갈륨비소	후지전기제조, 산요전기, 교오또 쎄라믹
CCD, MOS 센서	규　소	래디콘, 니혼전기, 소니, 히다찌제작소, 마쯔시다전기산업

대표적인 센서와 그 소재

있다. 더우기 이 모든 기능을 불과 2㎜ 각(角)의 칩에 내장할 수 있다. 제조방법은 실리콘기판 안에 확산저항과 다이오드를 만들고, 이것을 산화실리콘의 절연막으로 피복하여 전극을 만든다. 그리고 이 전극에 초미립자의 가스감응막을 덮는 방식이다. 이 감응막의 성능을 향상시키기 위하여 마쯔시다전기가 생각해 낸 것이 아르곤, 헬륨 등 불활성가스를 넣은 로 속에서 플라즈마를 발생시키는 방법이다. 이 덕분으로 보통의 열처리방법보다 낮은 온도에서 제조할 수 있으며 더우기 감응막의 입자를 보다 더 미세하게 할 수 있었다고 한다.

인간의 시각에 해당하는 감광소자(感光素子)에도 실리콘기판을 사용하려는 연구가 진행되고 있다. 선의 형태로 빛의 정보를 포착하는 실리콘기판의 감광소자는 이미 팩시밀리 등에 사용되고 있으나 메이커들은 각각 VTR 카메라 등 면적단위로 정보를 포착하는 감광 소자의 개발에 촛점을 옮겨놓고 있다.

VTR에서는 광정보를 정확하게 포착하기 위하여 한 개의 실리콘기판의 감광부분을 20만개 이상으로 세분화하고 있다. 그래서 감광부분의 균일화를 도모하면서 생산율을 높이는 데에 연구를 집중하고 있다.

감도를 높이기 위하여 '결정결합제어'(結晶缺陷制御)라는 흥미로운 방법이 도입되고 있다. 어떤 일정한 조건 아래서는 내부에 결합이 있는 실리콘기판이 도리어 잡음(불필요한 적외선 등)을 감지하지 않는다는 점에 착안하여 굳이 '결합기판'을 사용할 생각이다.

센서의 수요는 보다 작고 가벼우면서도 값이 싼 것을 요구하고 있다. 이 때문에 흔히 있는 재료 중에서

감도가 좋은 센서를 만드는 '연금술'이 더욱 중요하게 되었다.

전기기기메이커에서 종전에 소재메이커에게 의존해오던 재료분야의 연구를 중요시하여 자사 내에 재료연구소, 소재연구부문 등을 신설하거나 보강하거나 하기 시작한 것도 이와 같은 새로운 소재에 대한 수요의 변화가 그 배경으로 되어 있다.

계기로부터 바늘을 추방

—개량되는 액정, LED

시계나 전자계산기 등의 디지탈표시에 사용되고 있는 액정이나 LED(발광다이오드)의 성능이 급속히 향상되었다. 그래서 지금까지는 지극히 곤란하다고 보였던 자동차용 계기의 전자표시가 실용단계에 들어갔고, 손바닥에 올려 놓을 수 있는 초소형 액정텔리비전도 이미 상품화되었다.

프론트패널에 혁명을 가져온 일본 도요다의 신형차 '소아라'는 전자재료업계에서도 새 시대의 자동차로 주목을 받고 있다. 이 차는 LED를 계기용 표시소자에 채용하여 기계식 계기를 사용하지 않은 최초의 차이다.

자동차의 계기용 표시소자로서는 LED가 액정보다 먼저 실용화된 셈이다. 그러나 '소아라'에 사용하는

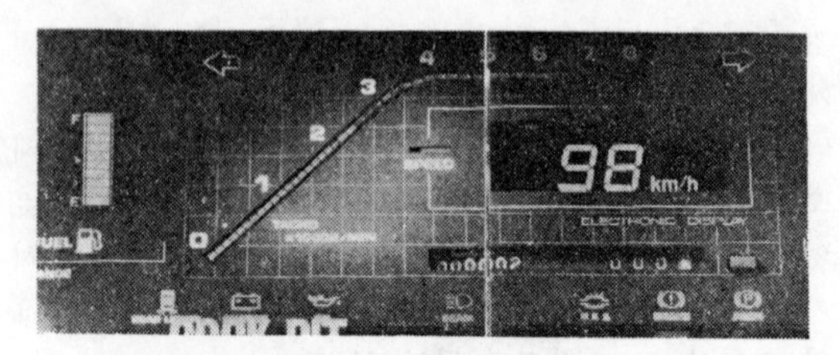

자동차의 계기패널도 디지탈 표시로(일본 도요다의 소아라)

디지탈표시는 현시점에서는 최첨단 기술이라고는 할 수 있지만 아직도 개선하여 향상시킬 여지가 많다.

장래의 디지탈표시의 주류는 LED가 될 것인지, 액정이 될 것인지 현재로는 각각 장·단점이 있어 어느 것이 우수하다고 말하기 힘들다. 둘다 신소재의 개발에 의한 성능향상이 한층 기대되고 있다. 표시범위는 자꾸 확대되고 표시의 질도 고도화하려 하고 있다.

액정은 분자의 배열이 액체의 무질서한 상태로부터 전기를 통하면 결정처럼 규칙적인 배열을 하는 성질을 가진 물질이다. 이 액체모양의 물질을 유리에 끼워 계기판의 회로에 부착하면 글자가 떠오르는 표시소자가 된다. 액정의 장점은 우선 소비전력이 적다는 점이다. 또 미리 회로를 설계해 두면 숫자, 글자, 도형의 표시 등을 자유자재로 할 수 있다. 그런 반면 반응이 약간 느리고, 특히 온도가 낮아질수록 더 반응이 늦어지는 점이나, 액정 자체가 빛을 내지 않는다는 등의 단점이 있다.

LED는 전류를 통하면 전기에너지가 광에너지로 변하는 다이오드이다. 단점과 장점은 액정의 정반대이다. LED 자체가 빛을 내므로 몇 개의 LED를 조합하여 복잡한 글자를 나타낼 수가 있지만, 대량의 LED가 필요하므로 값이 비싸진다. 또 청색 LED의 상품화가 늦어지는 것도 LED메이커들의 고민거리다. 청색은 디지탈표시에 걸맞는 색깔인데다 빛의 삼원색의 하나이므로 빛의 다색화를 꾀하기 위해서 절대로 필요하기 때문이다.

LED나 액정은 둘 다 단점을 극복하기 위하여 새로운 소재의 개발이 급속도로 진행되고 있다. LED의 예를 들자. 현재 상품화되고 있는 빨강, 주황, 노랑, 초록 등은 모두 갈륨과 인을 주재료로 하여 이들의 배합비율을 바꾸거나 여기에 비소 등 다른 원소를 혼합하여 색깔을 내고 있다. 그런데 갈륨과 인만으로는 깨끗한 청색 LED를 얻을 수가 없다. 그래서 각 메이커들은 새로운 재료를 찾아 혈안이 되어 있다.

최근에는 질화갈륨을 기본재료로 한 연구가 진행되어 서독의 지멘스사와 일본의 마쯔시다 전자부품회사가 각각 청색 LED의 상품화에 착수하였다. 그러나 아직도 다른 색깔과 비교하여 선명도가 부족한 실정이다. 그러나 멀지 않아서 청색 LED는 상품화 되어 소비자에게 공급될 것이다.

액정의 가장 큰 문제점은 반응속도이다. 다이오드, 형광표시관은 0℃ 이하에서도 소수점 이하 몇초에서 반응하는데도 액정은 이제 겨우 1초선에 도달하였다. 자동차의 표시소자로서 필요한 컬러액정에 이르러서는 낮은 온도에서의 반응속도가 아직도 1~2초나 걸린다.

그러나 액정의 반응속도는 최근 몇 해 사이에 상당

도오시바전기가 발표한 액정텔리비전의 시험작

히 큰 진보를 이룩하였다. 수년 전에는 0℃에서 겨우 1초 이내에 반응하였는데, 최근에는 영하 20℃라는 낮은 온도에서도 1초 이내에 반응을 하게 되었다. 컬러액정도 1981년에는 영하 30℃에서 0.5초 이내에 반응하는 상품이 만들어졌다.

액정의 반응속도가 이와같이 빨라진 것은 시클로헥산, 페닐시클로헥산 등을 사용한 액정 재료가 유럽의 메이커에 의하여 연달아 개발되었기 때문이다. 예를들면 시클로헥산을 함유한 액정은 점도가 감소되면 바삭바삭하게 거치른 느낌이 된다. 분자 구조적으로 말하면 액정소자가 늘 움직이기 쉬운 상태에 두어지기 때문인데 반응속도도 그만큼 빨라지게 된다. 이 결과 반응속도가 느려서 곤란시되던 액정 텔리비전의 상품화도 이제는 이루어졌다.

다만 시클로헥산은 반응속도를 빠르게는 하지만 화

상의 콘트라스트를 나쁘게 하는 양면이 있다. 이것을 해결하기 위하여 일본의 도오시바전기에서는 IC 기술을 이용하여 액정 텔리비전의 화상을 5만 개 이상으로 세분화하는 방식을 채택하여 콘트라스트가 나빠지는 것을 방지하고 있다. 또 히다찌와 마쯔시다전기에서도 전자계산기 크기만한 액정 텔리비전을 주요상품으로 판매하기 위해서 반응속도가 빠른 액정을 개발하였다.

정면에서는 잘 보이지만 옆에서 비스듬히 보면 잘 보이지 않는 결점을 개선하는 것도 액정에 있어서는 중요하다. 특히 컬러액정에서는 개선하여야 할 당면과제의 하나이다. 컬러액정을 만드는데는 액정을 컬러필터로 덮어서 색깔을 내는 원시적인 방법 대신에 최근에는 액정내부에 색소를 넣은 '게스트호스트'식을 사용하는 것이 대부분이다.

지금까지의 게스트호스트식은 네가티브형식이라 불리는 것으로, 액정 안의 색소는 전자계산기 등의 표시면과 수평으로 놓여진다. 전압이 걸리면 이 부분만이 표면에 대하여 수직이 되어 색깔이 나타나지 않게 된다. 이것은 마치 사진의 네가티브 필름과 같은 상태가 되므로 잘 보이지 않는다는 단점이 여전히 남아 있었다. 이것을 해결하기 위하여 마쯔시다전기가 힘을 쏟은 것이 포지티브형식의 컬러 액정이다. 포지티브형식은 색소를 미리 표면에 수직으로 배열하여 두고, 전압이 걸리면 색소가 수평으로 배열하면서 색깔이 나타난다. 이 회사는 1981년 6월에 판매하기 시작한 액정시계에 처음으로 이것을 사용하기 시작하였는데, 포지티브형식의 게스트호스트식 컬러액정의 최대시장은 자동차의 표시장치라고 보고 품질개량에 힘을 쏟고 있다.

업계에서는 네가티브형식의 컬러액정도 버릴 수는 없다는 주장이 많다. 예를들면 검은 바탕에 흰 네가티브형식의 액정을 사용하고, 전압이 걸리면 희게 되는 부분에 미리 필요한 색깔의 컬러필터를 부착해 두면, 한개의 액정패널로 다색표시를 할 수 있기 때문에 자동차의 표시기기로서 가장 적합하다고 한다. 이때의 문제점은 검은 부분의 콘트라스트의 우열이 품질을 좌우하는 핵심이 된다.

LED나 액정의 결점은 자꾸 해결되어 가고 있다. 표시소자의 기술진보는 일렉트로닉스제품의 기능을 향상시키는 동시에 제품에의 유행성도 갖게하는 중요한 요소로 되어가고 있다.

교류되는 '창조기술'

―경쟁과 협조로 새로운 도약을

터널다이오드의 발견으로 노벨상을 받은 일본인 에자끼(江崎玲於奈) 박사가 고안한 신소재에 '초격자'(超格子)라는 것이 있다. 한 종류의 원자가 격자처럼 완전하게 규칙적으로 배열한 이른바 단결정은 자연계에 얼마든지 있다. '초격자'는 임의의 두 종류 이상의 원자를 인공적으로 마치 단결정과 같이 규칙적인 격자모양으로 배열시킨 것이다. 이와 같은 화합물은 자연계에는 전혀 존재하지 않는 새로이 창조된 소재이다. 초격자를 소재로 한 소자는 반도체 소자로서 지극히 뛰어난 성질을 가질 것으로 기대된다. 그래서 일본의 통산성은 1981년부터 10년 간, 일화로 약 300억엔을 투입하여 '신기능소자'의 연구·개발테마의 하나로서 '초격자'를 채택하였다.

말은 쉽지만, 원자를 배열한다는 것은 쉽지가 않다. 이것은 새로운 물질의 창조라는 신의 영역을 인간이 침범하는 것일는지 모른다. 에자끼박사는 미국의 IBM에서 개발한 분자선 결정 성장장치(分子線結晶成長裝置)를 사용하였다. 고진공으로 만든 상자 속에 기판이 되는 결정을 놓고, 그 위에 임의의 원자를 날려서 눈이 쌓이듯이 결정의 층을 만드는 것이다. 1초에 겨우 한 층의 원자가 쌓일 정도로 아주 느린 속도로 떨어지게 컴퓨터로 아주 정교하게 제어하여 형성시킨다. 수 ㎜ 각(角)의 결정을 만드는 데는 실로 대규모의 장치가 필요하다. 에자끼박사가 1970년대에 만든 초격자 소재는 갈륨과 비소의 원자를 교대로 질서정연하게 배열한 층을, 서로 번갈아가며 차례차례로 여러 층으로 쌓아올린 것이다. 각 층의 두께는 겨우 100만분의 수 ㎜에 지나지 않는다.

일본에서는 후지쯔가 분자선 결정 성장장치를 사용하여 갈륨·비소기판에 갈륨·알루미늄·비소 층을 쌓은 구조의 고전자 이동도(高電子移動度) 트랜지스터(HEMT)를 시험제작하였다. 이것은 말하자면 1층으로만 된 초격자 소자라고도 할 수 있다. HEMT는 액체질소로 냉각시켜 사용하면 기존의 트랜지스터보다 25배나 빠른 속도로 동작하는 것이 확인되었다. 통산성은 1981

년도부터 10년 계획으로 개발하는 슈퍼컴퓨터(과학기술용 고속 계산시스팀)에 사용할 수 있는 유망한 소자의 하나라고 생각하고 있다.

본격적인 초격자 소자는 초고속 트랜지스터 외에도 현재의 기술로는 만들 수 없는 가시광선, 자외선, X-선을 발진하는 반도체 소자, 초고주파나 빛의 수신소자, 초고감도 센서, 초저소비 전력논리소자(超低消費電力論理素子), 초고밀도 기억소자 등에 응용할 수 있을 것이다. 그러므로 일본 이외에 미국의 IBM, 벨연구소, 로크웰, RCA 등이 개발에 참여하고 있다.

초격자의 실험은 컴퓨터기술, 진공기술, 고순도 재료기술, 분석기술 등의 기술의 피라밋 위에서 비로소 가능하게 된 셈이다. 신소재 개발은 일종의 '거대기술'(巨大技術)로 되어가고 있다.

첨단기술 분야에서 일본기업의 경쟁력 강화에 경계심을 강화하고 있는 미국은, 거대기술에 도전할 때의 일본의 관·민일체의 개발체제에 큰 관심을 가지기 시작하였다. 일본이 개발한 성과로서 국제적으로 높은 평가를 받은 것이 1980년 3월까지 일화 약 700억엔(이중 정부 보조금이 약 300억엔)을 투입하여 개발한 VLSI(초대규모 집적회로)이다. VLSI는 말하자면 소재기술의 결정체라고 할 수 있다.

이것을 개발하는 데는 화려한 무대에서 각광을 받은 컴퓨터메이커를 떠받쳐 준 많은 숨은 협력자들이 있었다. 재료, 광학기기, 화학, 기계, 분석기기메이커 등 약 30개 회사가 참여하였다. 그 중에는 그 분야의 전문가 외에는 거의 이름이 알려져 있지 않은 중소기업체도 포함되어 있었다. 최첨단 신소재의 개발은 거대기술인 동시에 '집단기술'이라고도 할 수 있다. 집단적인 기술개발에는 미국이 약하다.

미국의 정상급기업은 곧 세계의 정상급 기업이다. 그러므로 강력한 반(反)트러스트(trust) 아래서 개개 기업은 철저하게 경쟁하는 것이 이상(理想)이다—라고 하는 것이 지금까지의 미국인의 사고방식이었다. 그런데 미국의 대기업이 지니는 기술의 우위성을 일본의 반도체 업계가 위협하기 시작하였다. 그래서 미국에서도 지금까지의 방법을 버리고 집단적 기술개발의 길을 택하게 되었다. 그것이 펜타곤(국방성)의 VHSIC(초고속 집적회로)개발 프로젝트이다.

1980년부터 7년간에 2억 2천 5백만달러를 투입하는 이 계획에는 50개에 가까운 미국의 기업과 연구소 및 대학 등이 참가하고 있다. 미국으로서는 이례적인 집단 개발체제이다. 미국은 이 계획을 시작하기 전에 일본의 VLSI의 개발체제를 정밀하게 조사하였다. 또 일본에게 VLSI에 관한 특허, 테크니칼 노우하우를 공개하도록 요구하고 있다.

반도체를 중심으로 한 이와같은 미·일 기술교류는 옛날에는 볼 수 없었던 정도까지 진전하고 있다. 일본의 통산성이 1981년부터 시작한 '제5세대 컴퓨터'의 개발계획에 있어서는 미·일·유럽의 각 선진국에 기술교류를 제의하였다. 제1탄으로 1981년 10월에 미·일·유럽의 5개국이 참가한 기술심포지엄을 도오꾜에서 개최하였다. 실제적인 개발체제에서는 외국 자본계메이커의 참가도 거절하지 않을 방침이다. 바야흐로 '경쟁과 협조의 시대'가 시작된 것이다. 다음 세대의 기술개발에서는 국가라는 테두리를 넘어선 전략

이 시작되고 있다.

특히 자원이 없는 일본에 있어서는 국가를 초월한 기술전략의 중요성이 증대하고 있다. 예를들면 아무리 초전도기술을 개발하더라도, 이 기술에 없어서는 안될 냉각재료인 액체헬륨은 전량을 미국으로부터 수입하는 수밖에 없다. 헬륨은 텍사스 등에 있는 유전가스나 천연가스로부터 채취한다. 더우기 미국에는 대량의 비축량이 있다.

미국은 전략 주요물자 비축법에 따라 연방 위기관리국(連邦危機管理局; FEMA)은 150억달러에 달하는 각종 소재를 비축하고 있다. FEMA의 지령으로 조달국(GSA)은 1억달러 상당의 물자를 비축하기 시작하였다. 이 가운데는 전자소재로서 빼놓을 수 없는 많은 소재가 포함되어 있다. 일본에서도 특수금속 비축협회 등이 움직이기 시작하였으나 경제면을 포함한 종합적인 안전보장 등을 고려한다면, 일본의 비축은 거의 제로와 같다고 할 수 있다.

이와같이 소재개발은 자원문제를 생각하지 않고는 이야기할 수 없다. 한편 자원에 대한 교섭력으로서 첨단기술이 큰 힘이 된다. 미·일 반도체산업의 경쟁실태를 조사한 스탠포드대학 공학부의 J. 린빌교수는 "미·일 양국이 동시에 번영하지 않으면 불행한 사태에 이르게 된다. 기술의 창조는 일방통행이어서는 안된다. 두 방향의 흐름으로 되어야 한다. 트랜지스터나 IC에서도 그 기초는 미국이 만들었다. 그럼에도 불구하고 일본의 경쟁력이 더 커진 것이 미국 메이커들의 초조감의 원인이 되고 있다"고 분석한다.

스가노(菅野) 도오꾜대학 교수는 다음과 같이 말하

고 있다. "미국이 트랜지스터, IC 등을 개발한 전후 얼마 동안은 일본은 그야말로 식생활 해결조차 힘든 상태였다. 그러나 지금은 다르다. 최근 반도체 관련 국제학회에서 일본의 발표수가 제일 많다는 것은 하나도 이상할 것이 없다. 초기의 미국의 공적은 솔직히 인정해야 한다. 그러나 앞으로는 일본의 기술개발은 자꾸 진전될 것이다"라고 일본의 장래에 대해서 아주 낙관적이다. 창조적인 기술개발로 세계의 신소재 혁명의 원동력이 되는 것만이 자원을 갖지 못한 일본이 지향할 길이라고 할 수 있을 것이라고 한다.

맺음말

—신소재 개발의 마음가짐

터널다이오드의 발견으로 1973년에 노벨물리학상을 받은 에자끼박사(미국 IBM 주임연구원)는 최근에는 '초격자'의 연구에 온 힘을 쏟고 있다. 초격자가 새로운 반도체 재료로서 주목을 끌어 일본의 통산성도 1981년부터 연구개발 테마로 선정하여 개발에 나섰다는 것은 이미 앞에서 언급한 바 있다. 초격자는 에자끼박사팀이 뉴욕주 요크타운하이츠의 IBM 중앙연구소에서 만든 반도체의 신소재이다. 그래서 에자끼박사에게 초격자의 개발과정이나 신소재 개발에 대한 마음가짐 등을 들어 보았다.

—10여년전부터 '초격자'라는 신소재의 연구를 시작하셨다는 이야기를 들었는데……

"이세상에는 유기물질을 제외하면 대충 50만종 정도의 막대한 수의 물질이 있다. 그 중에서 인간이 손을 대어 유효하게 이용하고 있는 것은 기껏 1만종 정도에 지나지 않는다. 초격자는 그런 것에는 속하지 않는 새로운 물질로서, 이른바 'halfmillion + one' 이라고 할 수 있다."

—초격자연구에 착수하게 된 동기는?

"처음에는 이것을 가지고 반도체소자를 만들 생각은 아니었다. 물질과학의 한 분야의 연구로서 과학지향적인 프로젝트였다."

—처음에는 갈륨·비소와 알루미늄·비소라는 두가지 소재를 가지고 초격자를 만들었을 터인데?

"그렇다. 격자상수(결정이 만들어질 때의 원자의 배열 방법의 성질을 나타내는 상수)가 같은 두 가지 반도체의 결정을, 예를들면 10 층으로 번갈아가며 성장시키면 초격자가 된다. 한 층의 두께는 겨우 10~100Å(1Å은 1억분의 1cm)에 지나지 않는다. 이렇게 하면 본래의 반도체와는 다른 성질을 가진 소재가 된다."

—예를들면 음성저항(보통물질에 전류를 통하면 전압이 높아질수록 전류가 많이 흐르게 되지만, 이와는 반대로 전압이 높아질수록 전류가 감소하는 성질)을 가진다는 것인가?

"그렇다. 여러가지 흥미로운 성질이 나온다. 갈륨·비소로 만든 반도체에서는 전자는 3차원으로 움직이고 있는 셈인데, 이 초격자에서는 전자가 2차원의 비대칭적인 운동을 한다. 초격자는 에너지적인 '장벽'이 같은 간격으로 많이 연속적으로 배열하고 있는 구조이므로 전자의 행동이 2차원적으로 된다."

—그렇다면 터널다이오드의 발견도 반도체에 자꾸 불순물을 넣어갔을 경우에 생기는 '장벽' 문제였군요. 지금은 구체적으로 어떤 소재를 연구하고 있는가?

"지금까지 일관적인 연구를 계속하고 있다. 지금은 인듐·비소와 갈륨·안티몬을 사용한 초격자를 연구하고 있다. 내가 하고 있는 것은 1종의 싹을 트게 하는 것과 같은 연구이다. 새로운 사고방식으로 씨앗을 만들어 내는 일이 중요하다고 생각하고 있다. 그것이 어떤 곳에 도움이 되느냐는 것은 2차적인 문제이다. 터널다이오드만 하여도 그 당시에 근무하고 있던 소니의 요구에 의해서 만든 것이 아니었다."

초격자연구를 하고있는 에자끼 박사

—일본은 그러한 기초연구면에는 약한가?

“미국은 공학의 기초가 되는 ‘기술적인 과학’ 또는 그 주변의 ‘과학적 기술’의 층이 아주 두터운것이 특징이다. 초격자연구는 전형적인 공학의 기초연구이다.

—needs(필요)보다 seed(씨앗)가 중요하다는 말인가?

“벨연구소가 트랜지스터를 발명했을 때, 필요를 중요시 했더라면 진공관의 개량이 테마가 되었을 것이다. 트랜지스터의 생산효율이 부진했던 시절에 필요성에만 눈을 빼앗기고 있었더라면 생산효율의 향상에만 정신이 팔려 IC 따위는 생기지도 않았을 것이다. 특히 소재연구에서는 필요성에만 얽매어서는 안된다.”

—기술진보의 역사에서 비약기에는 그러한 모든 발명과 발견이 연달아 일어나고 있군요.

“비약은 과학과 기술이 잘 결합한 데서 일어난다. 이와 같은 발전에 대한 일본인의 공헌은 아주 적다. 세로축에 발명과 발견의 수를, 가로축에 창조성을 취한 그래프를 그려본다면 구미에서의 발명과 발견은, 모방성이 강한 개량기술로부터 창조적인 것에까지 아주 광범하다. 발전도상국은 국제적인 발명·발견의 수가 적고 그것도 개량기술이 중심이 되어 있다. 일본은 발명과 발견의 수는 많지만 대부분이 개량기술에 지나지 않는다. 이와 같은 그래프로 보면 일본은 '초대형 발전도상국'에 속하는 패턴이라고 할 수 있다."

—일본은 주어진 문제를 해결하는 데는 강하지 않은가?

"예를들면 품질관리에는 큰 창조성은 필요하지 않다. 종업원 한사람 한사람의 좋은 착상이 중요하게 된다."

—연구개발에서는 무엇이 가장 중요하고 기본적이라고 할 수 있는가?

"일본의 연구자는 지식이 풍부하고 이해력도 높다. 미국에 비하여 뒤떨어지는 것은 연구의 중요성과 의의를 평가하는 힘이다. 진짜와 가짜를 구별하는 힘이 모자란다. 그러므로 새 분야에 뛰어들어 그것에 정력을 쏟아 개척하는 힘이 없다."

—연구자 개인의 책임만이 아니고 주위환경도 원인의 하나라고 할 수 있지 않은가?

"일본에는 독창적 기술을 평가하여 그것을 격려할 만한 시스팀이 없다. 특히 공학분야가 그러하다. 나는 일본의 젊은 사람들의 의욕을 북돋우어 그런 사람들이 더욱 활약할 수 있는 터전과 조직을 만들 필요가 있다고 생각한다. 그래서 일본의 종합적인 안보를 위해서도 창조적인 과학기술개발을 추진하는 '공학아카데미'의 설치를 전의 스즈끼(鈴木) 수상에게 제안한 바 있다. 일본 학술회의는 자연과학분야에 비중을 두고 있으나 공학의 기초분야에 대한 조직이 필요하다. 미국에는 '내셔널 아카데미 오브 엔지니어링'이 있으며, 의학분야에도 그와 같은 것이 있다."

에자끼박사가 지적하는 일본은 needs(기업화의 요구)에 대한 대응책은 재빠르지만, seed(응용기술의 핵이 되는 것)의 연구에는 약하다는 것이 미·일 마찰의 먼 원인이기도 하다. 성공한 연구개발의 이면에는 추호의 이익도 가져오지 못한 방대한 수의 실패가 있는 것이 상례이다. 그런데 구미선진국이 창조한 독창적인 연구개발의 성과를 일본은 그 발명·발견까지의 과정에 대한 아무런 위험도 부담하지 않고 쉽사리 기업화에 성공한 면이 없다고는 말할 수 없다. 더우기 '제품화'라고 하게 되면 생산효율이 높은 일본적인 시스템으로 구미기업보다 월등히 경쟁력이 큰 제품을 양산한다. 거기에 구미쪽의 말못할 초조감이 있고 불평이 있다. 그러므로 경제적 안전보장의 관점으로도 구미가 탐낼 만한 창조적 기술개발의 성과를 일본에서 많이 만들어내야 할 필요성이 높아지고 있다—고 하는 것이 그런 분야에서 선구적인 업적을 올리고 있는 에자끼박사의 소론이다.

에자끼박사가 발견한 초격자에 대해서도 일본 통산성에서는 이것의 응용개발에 나섰다. 초격자소자는 여러가지 응용분야에 이용된다는 통산성의 팜플렛을 에자끼박사에게 보였더니 "아니, 이렇게 여러가지 분야에 쓰입니까!?"라고 당사자인 에자끼박사는 놀라움을 금하지 못한다. 씨앗을 만드는 사람과 필요를 찾는 사람의 거리는 무척이나 큰 것 같다.

역자후기

역자는 이 책을 읽고나서 이 책이야말로 첨단기술을 지향하는 우리나라의 현실정 아래에서 학생 과 학도, 연구개발연구자들이 한번 쯤은 꼭 읽고 넘어가야 할 책이라는 것을 절감하였다.

전세계의 공업은 1973년과 1978년, 두 차례에 걸친 석유파동으로 온통 벌통을 쑤셔 놓은 상황에 놓였다. 석유값은 눈 깜짝할 사이에 수배 내지 수십배로 폭등하여 모든 제조공업은 올 스톱상태에 처하게 되었다. 이미 1970년대 초 즉, 석유파동이 일어나기 전에 중동의 모 산유국의 정부실력자는 에너지를 다량 소비하거나 석유에 의존하는 제조 공업에서는 손을 떼는 것이 좋을 것이라는 통첩장을 여러 공업국가에 낸 바 있었다. 에너지 의존형이나 석유를 다량으로 소비하는 공업은 산유국인 자기들이 앞으로 독점하여 생산 공급하겠다는 것이다. 이 통첩 대상국에는 우리나라와 같이 석유를 전적으로 수입에만 의존하는 공업국에 해당되는 것은 두말할 필요가 없다. 이와 같은 현실 아래서 비산유국에서는 당면 위기를 극복하고 탈출구를 찾기 위하여 밤낮없이 머리를 맞대어 활로개척에 총력을 기울인 결과 얻어진 것이 "신소재"를 개발해야 한다는 결론이다. 예를들면 에너지를 절약하기 위하여 우주선, 비행기, 자동차 등의 경량화에 가벼운 합금재료나 탄소섬유, 엔지니어링플라스틱, 세라믹소재 등이 필요하다는 것이다. 또 현재의 화학공업의 상징이라고 할 수 있는 증류탑을 없애고, 가전공장과 같이 깨끗하고 공해가 없는 무공해공장을 건설하기 위해서는, 기능성 분리막 등이 필요하다는 것이다. 기능성 분리막을 개발하는 자만이 21세기의 화학공업경쟁에서 살아 남을 수 있을 뿐 아니라, 업계를 좌우할 수 있는 자리에 군림하게 될 것이라는 것이다. 초 LSI, 조셉슨소자 등 모두가 신소재의 개발 없이는 엄두조차 낼수 없다.

미국, 일본, 서독을 비롯한 선진각국이 신소재 개발을 위하여 비밀리에 치열한 경쟁을 벌이고 있을 뿐 아니라, 정부에서 국가적인 프로젝트로서 막대한 연구비를 보조하고 있는데, 그 이유를 독자들은 이 책을 읽음으로써 잘 알게 되었을 것이다. 미래의 선진국은 "신소재"를 누가 먼저 개발하느냐에 달려 있다.

신소재 혁명 現代科學新書 31

1984년 7월 30일 초판
1997년 5월 30일 6 쇄

옮긴이 김계용

펴낸이 손영일
펴낸곳 전파과학사
1956. 7. 23. 등록 제10-89호
서울시 서대문구 연희2동 92-18
TEL. 333-8877·8855
FAX. 334-8092

• 파본은 구입처에서 교환해 드립니다.
• 정가는 커버에 표시되어 있습니다.

ISBN 89-7044-331-2 03570

刊 行 辭

현대를 일컬어 科學技術時代라고 한다. 그런데도 우리나라의 科學技術은 지금까지 특정인의 두뇌와 국한된 象牙塔·공장 속에만 갇혀 있었다. 우리의 꺽긴한 課題는 이를 해방하여 널리 大衆 속에 파고들게 하고 事物을 科學的으로 탐구하는 안목을 길러서 보다 나은 앞날의 科學을 創造할 힘의 원천을 확보하는 것이라 믿는다.

科學지식의 大衆化, 과학의 生活化로써 科學技術의 진흥을 피하려는 것이 《現代科學新書》라 이름하여 황무지와 같은 이 땅위에 씨앗을 뿌리려는 참 뜻이다.

우리는 東西古今의 科學古典을 천착하여 教養의 터전을 굳히고 專門知識을 보편 平易化해서 人工衛星에서 부엌살림에 이르기까지 도도히 밀려들고 있는 새 科學技術의 내용을 소화하며 現代科學技術의 人間的 및 社會的 의미를 再考하는 동시에 복잡다기한 科學時代를 살아가는 叡知와 적응력을 얻게 하고자 한다.

〈科學을 당신의 포키트에 !〉 쉽고 재미있고 알찬 科學知識을 언제 어디서나 누구든지 손쉽고 값싸게 얻을 수 있도록 하려는 것이 이 《現代科學新書》의 목적이다. 그리하여 이것이 당신의 좌우에서 스스로의 教養科學大學으로 이바지할 수 있기를 간곡히 바라는 바이다.

1973年 1月

《現代科學新書》 發行人

孫 永 壽

도서목록

청소년 과학도서

위대한 발명·발견

바다의 세계 시리즈

바다의 세계 1~5

현대과학신서

A1 일반상대론의 물리적 기초
A2 아인슈타인 I
A3 아인슈타인 II
A4 미지의 세계로의 여행
A5 천재의 정신병리
A6 자석 이야기
A7 러더퍼드와 원자의 본질
A9 중력
A10 중국과학의 사상
A11 재미있는 물리실험
A12 물리학이란 무엇인가
A13 불교와 자연과학
A14 대륙은 움직인다
A15 대륙은 살아있다
A16 창조 공학
A17 분자생물학 입문 I
A18 물
A19 재미있는 물리학 I
A20 재미있는 물리학 II
A21 우리가 처음은 아니다
A22 바이러스의 세계
A23 탐구학습 과학실험
A24 과학사의 뒷애기 I
A25 과학사의 뒷애기 II
A26 과학사의 뒷애기 III
A27 과학사의 뒷애기 IV
A28 공간의 역사
A29 물리학을 뒤흔든 30년
A30 별의 물리
A31 신소재 혁명
A32 현대과학의 기독교적 이해
A33 서양과학사
A34 생명의 뿌리
A35 물리학사
A36 자기개발법
A37 양자전자공학
A38 과학 재능의 교육
A39 마찰 이야기
A40 지질학, 지구사 그리고 인류
A41 레이저 이야기
A42 생명의 기원
A43 공기의 탐구
A44 바이오 센서
A45 동물의 사회행동
A46 아이작 뉴턴
A48 레이저와 홀러그러피
A49 처음 3분간
A50 종교와 과학
A51 물리철학
A52 화학과 범죄
A54 생명이란 무엇인가
A55 양자역학의 세계상
A56 일본인과 근대과학
A57 호르몬
A58 생활속의 화학
A60 우리가 먹는 화학물질
A61 물리법칙의 특성
A62 진화
A63 아시모프의 천문학입문
A64 잃어버린 장
A65 별·은하·우주
A8 이중나선(절판)
A47 생물학사(절판)
A53 수학의 약점(절판)
A59 셈과 사람과 컴퓨터(절판)

도서목록

BLUE BACKS

도서목록

BLUE BACKS

도서목록

교양과학도서

농토의 황폐
핵발전·방사선·핵폭탄
암-그 과학과 사회성
현대 초등과학교육론
환경과학입문
연료전지
노벨상의 발상
노벨상의 빛과 그늘
21세기의 과학
천체사진 강좌
초전도 혁명
우주의 창조
뉴턴의 법칙에서 아인슈타인의 상대론까지
유전병은 숙명인가?
화학정보, 어떻게 찾을 것인가?
아인슈타인-생애·학문·사상
탐구활동을 통한-과학교수법
물리 이야기
과학사
자연철학 개론
신비스러운 분자
술과 건강
과학의 개척자들
이중나선
재배식물의 기원
지구환경과 바이오테크놀러지
새롭고 고마운 토양권
새로운 철도시스템
화학용어사전
과학과 사회
일본의 VTR산업 왜 세계를 제패했는가
화학의 역사
찰스 다윈의 비글호 항해기
괴델 불완전성 정리
알고 보면 재미나는 전기 자기학
금속이란 무엇인가
전파로 본 우주
생명과 장소
잘못 알기 쉬운 과학 개념
과학과 사회를 잇는 교육
수학 역사 퍼즐
물리 속의 물리
세계 중요 동식물 명감
액정
중국과학의 사상적 풍토
아인슈타인을 넘어서
새로운 물리를 찾아서
MBC 라디오 하장보 환경컬럼집
진공이란 무엇인가
위상공간으로 가는 길
바이오테크놀러지의 세계
퍼즐 물리 입문
퍼즐 수학 입문
상대성이론과 상식의 세계
모건과 초파리
미적분에 강해진다
해양생물의 화학적 신호
패러독스의 세계
비유클리드기하의 세계
항생물질 이야기
하늘을 나는 물리의 서커스
알기 쉬운 미적분
수학 아이디어 퍼즐
제로에서 무한으로
현대물리학사전
노이즈의 세계
인간에게 있어 산림이란 무엇인가
재미있는 화학
이야기 물리학사
과학사 총설
지구환경의 변천
고전물리학의 창시자들을 찾아서
질량의 기원
엔트로피와 예술
상대성이론의 종말
[수능대비] 고난도 수학 문제집
기상학 입문
공룡은 온혈운동?
별에게로 가는 계단
불확정성 원리
뇌로부터 마음을 읽는다